El largo camino de la Relatividad

El Largo Camino de la Relatividad

Antonio G. Vaujin

La Caverna
Escuela de escritura creativa

El largo camino de la Relatividad

Abril de 2014
Primera edición en español
©Antonio Vaujin
Editor en jefe: José Díaz-Díaz
Edición y diseño: ©Sebastián Clopatofsky
                    ©Karem Núñez
ISBN-13: 978-1499203011
ISBN-10: 1499203012
Miami, Florida

Colección:
La caverna: escuela de escritura creativa

A la memoria de mi madre y a mi esposa Cary por su amoroso apoyo durante todos estos años.

Prólogo

Este libro es un ameno, original y a la vez profundo fresco de los verdaderos orígenes de las ideas y conceptos que derivaron en la maravilla científica que constituye **la Teoría de la relatividad.** Quien, como yo, conoce bien a su autor sabe que solamente alguien con su pasión por la Física es capaz de llevar a un lector— sean cuales sean sus inclinaciones literarias— a un maravilloso viaje a través de las diferentes etapas históricas del desarrollo de esta ciencia que tiene sus inicios más de cuatro mil años atrás.

Este es, sin lugar a dudas, un libro inspirador que combina hábilmente un atractivo y delicioso relato con la profundidad de los análisis físicos y filosóficos entretejidos en un preciso relato histórico, todo abordado de una manera asombrosamente simple.

Estoy seguro que esta obra abrirá a los lectores un fascinante mundo de ideas que para muchos podrán parecer fantásticas pero que son absolutamente reales y vigentes en nuestra vida diaria.

Guillermo A. Morales PhD.
Profesor de Matemáticas
Barry University
Miami, Florida

Prefacio

Este libro es un viejo sueño hecho realidad de hacer llegar al gran público el verdadero mensaje que nos envía la teoría de la relatividad a través del tiempo y de todas aquellas personas que de una manera u otra tuvieron que ver con su consumación.

Cuando enseñaba este tópico en mis clases universitarias de Física, notaba que la mayoría de mis alumnos llegaban a la conclusión de que esta teoría había brotado de manera espontánea de la fecunda mente de Albert Einstein, y siempre quise tomarme una oportunidad para llevar a todas las personas que piensan de esa manera la verdadera idea de que la Relatividad no es más que el último capítulo de una larga cadena de acontecimientos históricos y científicos.

Ahora me siento satisfecho de que con esta humilde obra pueda aportar un granito de arena más para satisfacer la necesidad intelectual que muchas personas tienen de formarse una verdadera concepción científica del mundo en que vivimos.

Antonio G. Vaujin. Miami, diciembre 2013.

Introducción

¿Quién, hoy en día, puede dudar que la Teoría de la Relatividad, en toda su extensión, es el fruto del pensamiento científico y filosófico de cientos y, quizás miles, de generaciones de hombres que en la soledad del campo, de una pequeña habitación o del laboratorio, pasaron horas meditando ideas y conceptos tales como: tiempo, espacio, vacío, infinito y otros tantos que en muchos casos les granjearon la burla y la incomprensión de sus contemporáneos por dedicarse a asuntos tan inútiles para su época? Pero a pesar de los avances que se fueron logrando generación tras generación, este trabajo quedó inconcluso hasta finales del siglo XIX y principios del XX. Fue en ese momento que surgió un joven y desconocido ingeniero con una mente febrilmente empecinada y abarcadora de todo el talento y el conocimiento de sus antecesores que fue capaz de culminar dignamente la magna obra.

Hoy, los que hemos tenido la dicha de vivir en las postrimerías del siglo XX y los primeros años del XXI, sabemos que esa mente increíble fue la de Albert Einstein. Solo un genio de su talla podía, apoyándose sobre los hombros de quienes antes que él se adentraron en los vericuetos del espacio-tiempo, culminar una obra que es hoy, sin dudas, un monumento al pensamiento humano. Para embarcarse en este largo tren relativista cuya hilera de vagones se pierde en la noche de la historia, hacía falta mucho más que talento; era necesaria la perseverancia rayana en la obsesión, la audacia sin límites para arrostrar en cada momento la incomprensión, la burla y, en el mejor de los casos, el silencio condenatorio de quienes no alcanzaban a ver más allá de su época.

Como ya dijimos, fueron muchos, incluso algunos hoy desconocidos, los que compraron boleto en este tren y emprendieron el viaje a la gloria. Es precisamente de estos grandes seres humanos y de sus ideas que trata este libro y es también a ellos y a sus ideas que está dedicado.

Pretende este libro hablar sobre la historia de una parte de la ciencia muy mencionada por muchos pero poco conocida de la mayoría. Alguien dijo en una oportunidad que la Historia la escriben los vencedores y con la historia de las ciencias sucede exactamente lo mismo, con la única diferencia de que en lo que respecta a la historia general de la humanidad no siempre los vencedores son los dueños de la verdad, sin embargo en la historia de las ciencias son siempre los vencedores los que tienen la verdad en sus manos, pues la nobleza y el amor que son necesarios desplegar en la batalla científica excluye completamente de su escenario a todo aquel que no va en pos de la verdad, despojándose a cada paso de todo interés mezquino de gloria y poder.

En esta obra trataremos de ir recorriendo el largo camino de la relatividad, pasando por las distintas etapas del pensamiento filosófico y científico de la humanidad a través de las diferentes épocas y culturas en las que se han ido cultivando. El tema que nos ocupa lo trataremos de la manera más clara y sencilla posible, sin el uso excesivo de fórmulas, deducciones y razonamientos demasiado complejos, pues nos hemos propuesto una obra de divulgación científica que pueda estar al alcance de todo aquel que posea un mínimo de instrucción de enseñanza media, y que se interese por las cuestiones relativistas, pueda entenderla con facilidad... Queremos también desarrollar algunas tesis de carácter histórico sobre la conformación de los conceptos e ideas relativistas e incluso, de vez en cuando, aventurarnos en algunas de carácter filosófico (con el perdón de los filósofos).

Por último diremos que no quisimos detener nuestro recorrido relativista en la culminación por Albert Einstein de la Teoría de la Relatividad General en 1916, sino que hemos querido ir un poco más allá y considerar las implicaciones e influencias que ha ejercido esta teoría sobre la Física, la Astronomía, la Astrofísica y otras ciencias naturales en todo el siglo XX y lo que va del XXI.

Albert Einstein, 1879-

Quien nunca descansa, quien con el corazón y la sangre
piensa en lograr lo imposible, ese triunfa.

Proverbio de la sabiduría oriental

Como lo finito contiene una serie infinita
Y en lo ilimitado aparecen límites
Así el alma de la inmensidad mora en lo diminuto
Y en estrechos límites, límites no hay.
¡Que dicha discernir el minuto en la infinitud!
En lo vasto percibir lo pequeño, ¡que divinidad!

Verso matemático escrito por el gran matemático suizo del
siglo XVIII Jakob Bernoulli

"(...) Marcial tuvo la sensación extraña de que los relojes
de la casa daban las cinco, luego las cuatro y media, luego
las cuatro, luego las tres y media.... Era como la
percepción remota de otras posibilidades. Como cuando se
piensa en enervamiento de vigilia, que puede andarse
sobre el cielo raso, con el piso por cielo raso, entre
muebles firmemente sentados entre las vigas del techo".

Viaje a la Semilla. Alejo Carpentier

Capítulo I

Ideas relativistas en el mundo antiguo

1. Primeras ideas y conceptos sobre el espacio y el tiempo

En el sudoeste de Inglaterra, en la llanura de Salisbury, en el condado de Wiltshire, se encuentra una de las construcciones más extravagantes de la edad de piedra, Stonehenge. Es una construcción en forma de anillo, de grandes postes de piedra tallada enterrada verticalmente con un diámetro de 29m. La altura de los postes es de alrededor de 5,4m, y su masa es de 25 toneladas. Todo este anillo de postes se cubrió con placas horizontales.

Alrededor del anillo se destacan cinco arcos estrechos de piedra, semejantes a troneras. Los arcos están construidos con tres piedras. Los apoyos verticales de los arcos son aún más grandes que los postes del anillo principal. Estas dos piedras verticales se hallan colocadas casi juntas en cada uno de los arcos. Entre ellas, al nivel de los ojos, queda sólo una hendidura pequeña que nos permite la introducción de la cabeza.

A unos 30m del anillo pétreo fundamental se ha instalado una piedra especial: el punto de mira. Si se observa desde el centro de Stonehenge, precisamente sobre ella sale el sol en la mitad del verano, en el día del solsticio.

Ruinas de Stonehenge

La bella descripción anterior la hace A. Gurshtein en el Segundo capítulo de su libro "Los Enigmas Seculares del Cielo". El autor dice que Stonehenge ha sido sistemáticamente estudiado por decenas de científicos sin llegar a conclusiones exactas acerca de las verdaderas intenciones de sus constructores. En una oportunidad un astrónomo inspeccionó las ruinas de Stonehenge y quedo sorprendido por las construcciones de las troneras interiores de piedras. Ellas eran tan angostas que hacían pensar que los arquitectos antiguos limitaban la visión a propósito, proponían ver solamente algo determinado. Las troneras fueron involuntariamente comparadas con el corte de la mira de un arma. Al parecer, en Stonehenge había también una piedra que servía de punto de mira, ¿no será esta una pieza fundamental de cualquier instrumento medidor de ángulos?

Con ayuda de una computadora, el astrónomo calculó los astros que salen en aquellos puntos del horizonte hacia los cuales se hallan dirigidas las piedras indicadas de Stonehenge. La respuesta se obtuvo con rapidez: el Sol y la Luna. Las piedras de Stonehenge indican los puntos de salida y puesta del Sol en todas las posiciones principales, en mitad del verano y en mitad del invierno, o sea, los días equinocciales. Del mismo modo se marcan los puntos de salida y puesta de la Luna.

Los astrónomos de Stonehenge sólo marcaban las posiciones del Sol y de la Luna en la línea del horizonte, en el momento de la salida y puesta de los mismos. Con ayuda de estas informaciones se resolvían importantes problemas de la astronomía de antaño: el cálculo del tiempo y la predicción de los eclipses.

Stonehenge fue construido según opiniones autorizadas (N. del A.) entre los años 1900 y 1600 a. de C., o sea, mil años después de que fuesen construidas las pirámides de Egipto y algunos siglos antes de que cayera la Troya de Homero".

Hemos querido iniciar este primer capítulo con esta interesante cita, pues creemos que es el "observatorio de piedra" de Stonehenge un claro y curioso ejemplo de las inquietudes astronómicas de los pueblos de la antigüedad.

Ruinas que datan de miles de años con características similares a las de Stonehenge han sido encontradas en otros lugares del mundo. Entre estas se pueden citar las ya mencionadas pirámides de Egipto, las ruinas de Mohenjo (Pakistán) y las de Harappa (India) en el medio y lejano oriente, así como las del templo Caracol de la ciudad Maya de Chichén-Itza (América pre-colombina), caracterizado por su torre cilíndrica, muy parecida a la de los observatorios actuales, desde donde se supone se efectuaban observaciones astronómicas. Todo esto prueba, además, que estas inquietudes astronómicas no eran patrimonio único de algunas regiones del planeta, sino que estaban diseminadas por todo el mundo antiguo.

Es en la Astronomía y en la Cosmología donde más aplicaciones ha encontrado la Teoría de la Relatividad y son precisamente estas dos disciplina de las primeras en desarrollarse en el mundo antiguo, entre otras cosas, por la necesidad que siempre ha sentido el hombre de conocer el lugar que le corresponde en el Universo. También eran necesarios los conocimientos astronómicos para poder organizar la agricultura y así conocer el tiempo que correspondía a la siembra y a la cosecha, las crecidas de los ríos, las épocas de lluvias y la influencia que tenían las distintas fases de la luna sobre cada uno de los cultivos.

Templo Caracol, en la ciudad maya de Chichen-Itza, caracterizado por su torre cilíndrica muy parecida a los observatorios actuales.

Los primeros intentos de establecer la duración del tiempo y la magnitud del espacio en el Universo aparecen en las primeras obras poéticas, filosóficas y religiosas de las distintas culturas que surgieron en los albores de la humanidad. Así que las ideas concretas más antiguas podemos encontrarlas en muchas cosmologías y cosmogonías orientales. Aunque surgidas en una etapa relativamente tardía de desarrollo, aparecieron ideas en el sentido de que el espacio y el tiempo tienen dimensiones enormes, incluso de que son infinitos. Gracias a estas ideas iniciales el hombre empieza a andar su camino hacia la ansiada comprensión de su origen y destino.

Hasta nuestros días han llegado muchas de estas obras en las que el hombre de la más remota antigüedad trata de explicar de disímiles maneras el origen del Universo. Entre ellas la más conocida hoy es la Biblia, cuya cosmología establece un período de tiempo para la edad del Universo de unos seis mil (6000) años. Se dice que este cálculo fue realizado por un monje del medioevo, después de hacer un estudio profundo de todo el relato bíblico desde el Génesis hasta el Apocalipsis. A pesar de lo anterior muchos teólogos y estudiosos actuales de la cosmología bíblica, cediendo un poco a los avances de la Arqueología, la Antropología, la Física y otras ciencias que han ayudado a establecer la edad aproximada del Universo, la han revisado y vuelto a interpretar con el objetivo de determinar más realísticamente la duración del "Día Bíblico", ajustándolo de esa manera a los resultados científicos actuales.

En las obras poéticas y filosóficas hindúes de la antigüedad, por el contrario, se pueden encontrar ideas sobre las enormes dimensiones del espacio universal y del tiempo.

Según el poema épico *Vishnupurana*, el mundo consta de 14 zonas, una de las cuales es la Tierra, separadas entre sí por distancias que equivalen, aproximadamente en el sistema métrico decimal, a 16 millones de kilómetros. La unión de mil millones de tales mundos forma el Universo infinito. Como unidad de medida del tiempo cósmico se utilizaba el "día del creador Brahma" que equivale a 432 millones de años. La sucesión de tales "días" y "noches" (de períodos de surgimiento y desintegración o vuelta al caos) constituye una serie que carece de principio: "el Universo no tiene principio en el tiempo".

También en la filosofía china más antigua se hicieron intentos de establecer la extensión y edad del Universo. En épocas tan tempranas como los siglos IX-VII a. de C. en que fueron escritos los libros *Shu-Tsin* (Libro de la historia) e *I-Tsin* (Libro de las transformaciones), es que se exponen los principios de la filosofía natural a través de las confrontaciones entre dos principios antagónicos: *el yan* (lo fuerte, lo masculino, el Sol, la luz) y *el yin* (lo suave, lo femenino, la Luna, las tinieblas). Unido a lo anterior se establece la teoría de los cinco elementos: agua, fuego, metal, madera y tierra que interactúan en forma circular (el fuego funde el metal, el metal corta la madera, la madera abre la tierra, la tierra contiene al agua y el agua apaga el fuego).

Otros razonamientos interesantes se encuentran en la filosofía taoísta de Lao-Tse (finales del siglo VI a comienzos del V a. d. C.). En esta filosofía la idea del tao era como una ley natural fundamental, era una verdad tan tangible y suprema como que el cuerpo humano es mortal. El tao era algo así como el orden cósmico universal. La introducción del tao en la filosofía de la China Antigua trajo consigo un reordenamiento de las nociones cosmológicas del espacio y el tiempo; de lo material y lo inmaterial; significa la necesidad de plantearse con toda seriedad la hipótesis de la existencia del *Qi* o energía vital. El filósofo chino Shih Tshu Lai Chi, alrededor del año 1005 d. d. C. dijo: "El *Qi* permea todas las actividades del Universo. Si se planta un árbol, el cielo lo ayuda a crecer. Si se corta, el cielo lo ayuda a podrir".

Al otro lado del océano Atlántico se desarrollaban también interesantísimas culturas indo-americanas. Hoy asombra a los estudiosos del mundo las pirámides mejicanas y de América del Sur acerca de las cuales se ha logrado establecer el doble propósito religioso-astronómico de muchas de ellas. Nos maravillan también la asombrosa exactitud del calendario de piedra de los aztecas, del sistema de numeración binaria de los mayas y de su cosmología y cronología del Universo reflejada en uno de sus más famosos códices: *El Popol Vuh.*

Es importante observar que en la mayoría de las culturas de la antigüedad la idea de infinitud del tiempo y del espacio está bastante generalizada, y que el hombre creía vivir en un universo que no tiene principio y que, posiblemente, no tiene fin. Incluso en la cosmología bíblica, a pesar del acto de creación del Universo por Dios, la infinitud de la existencia se refleja en el propio Dios, el cual es considerado eterno, sin principio ni fin.

A pesar de las interesantes y a veces sorprendentes ideas acerca del espacio y el tiempo en la antigüedad remota, no podemos perder de vista que ellas eran fruto de la imaginación y la meditación, y no de un pensamiento científico organizado ni estructurado sobre la base de principios comprobados en la práctica. Por eso es necesario distinguir la diferencia que existe entre ideas primitivas elaboradas especulativamente, y toda una teoría que abarque un grupo de fenómenos, conformada sobre razonamientos lógicos y sobre la base de observaciones medibles y hechos experimentales. Esto último sólo fue posible lograrlo de manera completa a partir de la época del Renacimiento cuando el gran genio toscano Leonardo da Vinci (1452-1519) descubrió que partiendo de la observación de un fenómeno de la naturaleza, y a través de un razonamiento lógico, se puede inferir una hipótesis, y luego expresarla por medio de una fórmula matemática. Por lo que se puede decir que con Leonardo comenzó la Edad de la Razón pues él fue el primero en establecer lo que hoy llamamos Método Científico. Pero aun así, es indudable que en la más remota antigüedad el hombre acumuló una gran cantidad de conocimientos astronómicos que se fueron transmitiendo de una a otra generación, en muchos casos de forma oral, pero todavía no estaba preparado para generalizar esos conocimientos y llevarlos al estado de leyes. Sin embargo, en esta etapa necesaria, queda claro que el hombre conoció el valor de uso de todos estos conocimientos e incluso elaboró medios para mejorar el estado de los mismos y adquirir otros nuevos. Tal es el caso de los observatorios primitivos a los cuales hemos hecho referencia.

El intento de formular las primeras leyes y teorías empieza a cobrar fuerza con el desarrollo del pensamiento y la filosofía helénica y con el desarrollo de las matemáticas como instrumento de cálculo y de abstracción.

2. Primeras ideas relativistas en la Grecia antigua

Es imposible hacer la historia de cualquier rama de la cultura y el saber humano sin tener que dedicar una buena parte del tiempo a hablar de los aportes inconmensurables que los antiguos griegos nos legaron. Fue la cultura helénica el importante punto de contacto que permitió el intercambio cultural entre Oriente y Occidente en la antigüedad. Gracias a ellos el hermético Oriente de antaño pudo ser conocido y asimilado por el naciente Occidente. Fueron, quizás estos antiguos habitantes de la península de los Balcanes los primeros que concibieron la mutua relación existente entre el espacio y el tiempo en el proceso del movimiento de los cuerpos.

Una de las culturas más importantes del antiguo Oriente que fluyó hacia Occidente a través de los griegos fue la de los caldeos. Eran los sabios sacerdotes caldeos expertos astrónomos y matemáticos. Tal vez hoy nos asombremos al saber que el sistema sexagesimal de medición de ángulos, que tantos sofocones nos hiciera pasar en la enseñanza media, fue creado por los sabios caldeos hace varios miles de años. Ellos se dieron cuenta de que el desplazamiento del sol en la magnitud de su disco, o sea el ángulo por el cual se veían dos discos solares ubicados uno seguidamente del otro (se le conoce como paso del Sol), podría ser considerado como unidad básica de medición de ángulos. Estos sabios se percataron de que en los días de los equinoccios el Sol describe a su paso por el cielo una semicircunferencia y en ella caben exactamente 180 "pasos solares", de ahí que el ángulo total de una circunferencia sea igual a 360 "pasos solares" o como hoy decimos 360 grados (360^0) sexagesimales. Este método de medición de ángulos les permitió dividir el día en dos partes iguales de 12 horas cada una, la hora en 60 minutos y el minuto en 60 segundos. Por lo visto los sabios babilonios parecen haber sido los primeros en comprender con claridad que los fenómenos de la naturaleza que se someten a determinada regularidad, pueden describirse mediante números.

Estas ideas penetran pronto en el mundo helénico y hoy se ven reflejadas en el legado de Pitágoras y sus discípulos, los cuales llevaron el problema de la sustancia del mundo a un plano matemático nunca antes logrado.

Si los chinos habían elaborado la idea del Tao, los griegos idearon el concepto de *apeirón* como substrato, como lo

Busto de Pitágoras de Samos (580 a.C –

universal, como esencia o concepto primigenio de todo lo existente. Según la filosofía griega antigua, el *apeirón* existía en cada cosa individual, pero no era posible identificarlo con ninguna de ellas en particular; expresaba una aspiración, una tendencia. El apeirón penetraba en lo más profundo de la esencia del mundo, era algo que iba más allá de las representaciones externas. De lo anterior se ve que con el pensamiento griego la interpretación del mundo y del Universo por los antiguos sufrió un gran salto de calidad. Pasó del plano de lo apriorístico a un plano más abstracto y generalizador de los fenómenos. Sin dudas que esto sentó las bases del pensamiento científico ulterior.

Muchos fueron los filósofos griegos y muchas las doctrinas filosóficas elaboradas por ellos. En la mayoría de los casos expresaban interesantísimas y audaces tesis sobre la naturaleza y el Universo, en una época en que la humanidad empezaba a dar sus primeros pasos. Era esta la época en que estos asombrosos pensadores antiguos pugnaban por elaborar ideas que aprovecharan el inmenso caudal de conocimientos de los antiguos egipcios y caldeos, pero que a la vez dieran al hombre una imagen menos mística y fantástica del mundo. Se luchaba duramente por separar los conocimientos astronómicos y matemáticos de los ritos religiosos y ponerlos en las manos de todo aquel que quisiera entregar su vida a la búsqueda incesante de lo nuevo.

Fueron los primeros viajeros y comerciantes griegos que visitaban Egipto los que comenzaron a asimilar la riqueza cultural de aquella región. Estos primitivos navegantes, con la agudeza característica de la raza helénica, lograron apreciar la armonía geométrica de las pirámides, verdaderas obras maestras de arquitectura que todavía hoy dudamos si fueron realmente construidas por estos primitivos habitantes de las riveras del Nilo o por una avanzadísima civilización extraterrestre, o hasta quizás, como han planteado algunos estudiosos del tema, por algún grupo de sobrevivientes de la tragedia de la Atlántida, de cuya cultura se dice que era extremadamente avanzada para su época. También encontraron en estas maravillosas obras una asombrosa síntesis del pensamiento teórico y de la habilidad práctica desplegada en pos de resolver problemas de ingeniería y de organización social que nos parecen, al cabo de miles de años, imposibles de haber sido resueltos con los conocimientos y los medios técnicos existentes en aquella etapa de la sociedad.

Entre aquellos primeros viajeros se encontraba Tales, un rico comerciante de la ciudad de Mileto, que vivió aproximadamente desde el 640 hasta el 550 a.c. Sus tareas como mercader le llevaron a muchos países y su ingenio natural le permitió aprender de las novedades que veía. Pronto se retiró de los negocios y se dedicó a la Filosofía y las Matemáticas. Fue un gran matemático y astrónomo, y en las matemáticas se le atribuye la invención de la Geometría como ciencia. También se dice que en su obra geométrica se encuentra el origen del Algebra. De la misma manera sus resultados astronómicos sustituyen lo que era poco más que una elaboración de catálogos de estrellas por una ciencia auténtica. Acerca de su experimento para determinar la altura de la *Gran Pirámide* comparando su sombra con la de una vara vertical, Plutarco, el gran historiador griego de la antigüedad, escribió: "Tan sencillamente, sin ningún alboroto ni instrumento".

Tales parece haber sido el primero en indicar la importancia del lugar geométrico o curva trazada por un punto que se mueve según una ley definida. Sin lugar a dudas aquí se encuentra la esencia del concepto de trayectoria y la intención de analizar el movimiento

Tales de Mileto 640 a 550 a.c.

De un cuerpo haciendo la genial abstracción de considerar al mismo como un punto material sin dimensiones, concepto éste de suma importancia en la Mecánica Clásica.

Con justicia Tales de Mileto ha sido considerado uno de los siete sabios de la Antigua Grecia y se le reconoce como el padre de las matemáticas, la astronomía, y la filosofía griegas, pues combinó una gran perspicacia práctica con una sabiduría auténtica, sustentando la existencia de lo abstracto y más general. Para él, esto era más valioso que lo intuitivo o sensible. Por otra parte nos legó conocimientos prácticos tales como el número correcto de días del año y métodos adecuados para encontrar mediante la observación, la distancia a la que se encuentra un barco en el mar.

Algunos autores plantean que Tales adquirió una parte de la gran fama que tenía entre sus contemporáneos porque logró predecir con exactitud un eclipse solar en el año 585 a. de C. Sin embargo, investigaciones recientes han demostrado que aunque los conocimientos astronómicos de Tales eran profundos para su época él realmente no tenía aún los necesarios para hacer una predicción de tal magnitud señalada y mucho menos con la precisión que se le atribuye. En todo caso él hubiera podido predecir solo el año del eclipse y no el día exacto.

Sucedieron a Tales toda una larga serie de filósofos que, siguiendo su ejemplo y aprovechando sus aportes, enriquecieron aún más la antigua filosofía griega. Uno de ellos, su discípulo Pitágoras (580-500 a. de C.), fue el primero en crear una comunidad científica, la sociedad o hermandad conocida como "Orden de los Pitagóricos" la cual agrupó a importantes pensadores de la época haciendo muchísimos aportes a las Matemáticas y a la Astronomía. La mayoría de estos descubrimientos se le atribuyen a Pitágoras pues, después de la muerte de este, la hermandad en honor a su maestro tomó la decisión de atribuir toda autoridad sobre cada nuevo descubrimiento entre ellos al mismo Pitágoras. La matematización de la realidad por parte de Pitágoras y sus discípulos llevó el problema de la comprensión del mundo y el Universo a un plano totalmente nuevo. Pitágoras trajo de Oriente el teorema que lleva su nombre y lo perfeccionó. También formuló la primera cosmogonía de inspiración científica que sitúa a la Tierra como un planeta más de un sistema perfecto al que dio el nombre de *Cosmos*. Pitágoras estudió los números profundamente y estableció relaciones entre estos con los tiempos y las notas musicales. Más adelante trasladó estas relaciones a los movimientos planetarios tratando de explicar, de esta forma, el equilibrio entre los movimientos de los distintos astros, a lo cual denominó Música de las esferas, afirmando, ya desde aquella época, que la Tierra y los demás planetas eran redondos. Esto representa un importante paso en el desarrollo del nivel técnico del proceso del conocimiento.

Posteriormente a Pitágoras hicieron su aparición en la escena filosófica de la Grecia antigua toda una pléyade de estudiosos y pensadores entre los que podemos nombrar a Heráclito de Éfeso (540-470 a.c.) y otros que hicieron increíbles aportes a la Astronomía y a las Matemáticas. Con estos filósofos se materializa una de las grandes conquistas del pensamiento filosófico de la escuela jónica: la infinitud del Universo. Anaximandro (611-565 a.C.) es quien formula de manera más precisa el concepto de infinitud del Universo en el espacio y en el tiempo, y de que el número de mundos es infinito. También, según Heráclito, el mundo es infinito en el tiempo, el mundo "ha sido siempre, es y será eternamente un fuego vivo, con períodos de inflamación y períodos de extinción". En lo anterior queda expresada una idea característica de los antiguos griegos: el carácter cíclico del Universo y del Ser que, en su eterno devenir, vuelve sobre sí mismo. Heráclito intentó determinar de forma exacta la magnitud del "año mundial que culmina con el incendio del mundo". En la Grecia antigua esto llegó a adquirir carácter de ley universal e incluso, algunos años después, Platón (429-348 a. C.) retomó esta idea y escogió 10.000 años para este ciclo (no sabemos realmente qué razonamiento lo llevó a ello). Como planteó el Doctor Marcus Kricle, profesor de la Universidad Técnica de Berlín en su tesis de Doctor en Ciencias (*"Casualty Violation and Singularities"*, Berlín 1990 páginas 2 y 3), "La gran longitud de este período de tiempo es suficiente para explicar por qué ninguno de nosotros aún no ha regresado a su propio pasado. Esta idea ha dejado, sin lugar a dudas, una huella muy profunda, a tal punto que hoy algunos de los físicos que se han dedicado al estudio de las posibles singularidades en las ecuaciones de la Teoría de la Relatividad General de Einstein han analizado "la posibilidad de violaciones de la causalidad (esto se refiere a historias de objetos materiales— en particular fotones—en los cuales el comienzo y el final están identificados. Recordemos al lector que el fotón es el cuanto o la partícula de luz más pequeña que se conoce. En la Relatividad General estas historias son representadas por curvas causales cerradas (curvas isotemporales).

Demócrito (470-370 a.c.), el gran filósofo de Tracia, contemporáneo de Platón, adquirió gran fama como creador de las primeras especulaciones acerca de la constitución atómica de la sustancia. Según Demócrito, existen incontables mundos, distintos por su magnitud. En unos no hay soles ni lunas; en otros, el sol y la luna son mayores que en nuestro mundo. Algunos mundos carecen de animales y de plantas, no tienen en absoluto humedad. Los hay que hasta crecen, otros se encuentran en su madurez y otros ya se están descomponiendo. En algunos lugares unos mundos surgen y otros desaparecen al mismo tiempo.

Las anteriores ideas de Demócrito son una asombrosa anticipación a las teorías más recientes acerca de la formación y evolución del Universo, muchas de ellas basadas en la **Teoría General de la Relatividad**. Es posible que haya sido Demócrito el primero que haya visto claramente la importancia que tienen el espacio y el tiempo como escenario en el cual se encuentran los átomos en constante movimiento, e incluso estableció una serie de propiedades de las formas del espacio y el tiempo, tales como: vacío, estructura determinada, continuidad o infinitud del espacio, curso uniforme, continuidad e infinitud del tiempo. Según él estas propiedades estaban determinadas por las características de los átomos y su movimiento.

Por esta época, Platón, el ilustre discípulo de Sócrates (uno de los siete grandes sabios de la antigua Grecia), funda su famosa Academia en Atenas. Sobre la puerta de entrada se podía leer la siguiente inscripción: "Que nadie que no sepa geometría traspase mis puertas". Su deseo más sincero era dar a sus discípulos la mayor educación posible. Platón decía que un hombre no debería adquirir simplemente un fardo de conocimientos, sino adiestrarse para ver debajo de la superficie de las cosas, buscando primero la realidad eternal y el bien que hay detrás de todo ello. Aseguraba que el estudio de las matemáticas era esencial para este propósito; y los números, en particular, deben ser estudiados simplemente como números y no como entes incorporados a algo. De hecho estos pueden representar diferentes caracteres de la naturaleza; por ejemplo, los períodos de los cuerpos celestes solo se pueden caracterizar mediante el uso de números irracionales. Este genial razonamiento de Platón pone de relieve que ya en esta época el estudio del movimiento de los astros se venía realizando sobre la base de abstracciones matemáticas más que de simples observaciones.

Un momento importante en la formación de los conceptos de movimiento e infinitésimo se alcanza en la figura del filósofo Zenón de Elea (¿490-430? a.c.) el cual propuso cuatro paradojas en un esfuerzo por refutar las nociones de espacio y tiempo aceptadas por aquella época en algunos círculos filosóficos, y nos introduce en la formulación de las primeras series geométricas infinitas. Como veremos, las paradojas de Zenón se enfocan en la relación entre lo discreto y lo continuo y por eso es que algunos estudiosos de su obra dicen que sus razonamientos llegan al corazón de las matemáticas tratando de probar cada una de sus *aporías* usando el método de reducción por el absurdo inventado por él mismo. Una de sus paradojas más famosas es la del veloz Aquiles y la tortuga. Según Zenón, si suponemos que Aquiles se mueve a una velocidad dos veces mayor que la tortuga, cuando el primero haya recorrido la distancia que lo separa de la segunda, la tortuga habrá avanzado la mitad de esta distancia; cuando Aquiles haya recorrido esta mitad, la tortuga habrá avanzado la cuarta parte, y así sucesivamente; de esta manera Aquiles, aparentemente, no alcanzará nunca a la tortuga. Esta primera paradoja de Zenón ataca a las ideas sostenidas por muchos filósofos de su época para los cuales el espacio era infinitamente divisible y que, el movimiento era, entonces, continuo. En la paradoja de Aquiles y la tortuga (y aquí Zenón aplica en forma magistral el método de reducción por el absurdo) si realmente el espacio fuera infinitamente divisible, entonces se puede repetir el procedimiento por la eternidad, así Aquiles tendría que recorrer un número infinito de puntos medios entre él y la tortuga en un tiempo finito. Pero esto último es imposible, por lo tanto Aquiles jamás alcanzaría su objetivo. En general cualquiera que quiera moverse desde un punto a otro tiene que cumplir estos requerimientos de modo que el movimiento se haría imposible y lo que nosotros percibiríamos como movimiento sería meramente una ilusión.

Otra de las paradojas de Zenón está basada en un fino análisis de la relatividad del movimiento. Esta afirma que una flecha lanzada por un arquero aunque ella se encuentre en movimiento respecto al arquero, también se encuentra en reposo pues en cada instante de tiempo la misma reposa respecto a un punto determinado de referencia el cual puede cambiar de un instante a otro. Sin lugar a dudas que Zenón de Elea conocía muy bien el concepto de relatividad del movimiento y como conclusión él planteaba que el movimiento se podía considerar como la suma de diferentes estados de reposo. En las *aporías* de Zenón encontramos un marcado interés del filósofo por estudiar los problemas del espacio y del tiempo, de lo continuo y lo discontinuo, de lo infinitamente grande y de lo infinitamente pequeño. Por último diremos que sus paradojas son paradigmas de experimentos mentales, método de análisis que muchos años después usaron científicos de la talla de Galileo, Newton y Einstein entre otros.

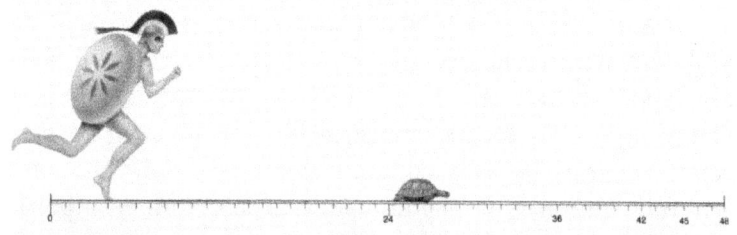

Paradoja de Aquiles y la tortuga propuesta por Zenón de Elea

Es con Zenón de Elea por donde parece empezar la filosofía helénica antigua a interesarse por los conceptos de movimiento y reposo, así como la relación entre ellos. Este importante paso dado a partir de los razonamientos de este filósofo marca un hito en el desarrollo de las ideas acerca del espacio-tiempo. En sus razonamientos Zenón trata de dar una definición de movimiento a partir del concepto de reposo, pero esto último no aparece claramente definido en su obra. Está claro que Zenón de Elea entendía, hasta cierto punto, la relatividad del movimiento, pero no fue capaz de establecer claramente el concepto de sistema de referencia como elemento a partir del cual se puede describir el movimiento de los cuerpos. Por eso es que emplea en la base de sus razonamientos el concepto de reposo, elevándolo a la categoría de referencia del movimiento. Por otro lado el razonamiento de Zenón resulta paradójico debido a que él sólo tuvo en cuenta en su análisis el espacio y no incluyó en el mismo al tiempo; de haberlo hecho hubiese llegado al concepto de velocidad que era la idea clave para resolver su paradoja. Esto demuestra que en el pensamiento griego clásico no se había entendido aún la estrecha unidad entre el espacio y el tiempo. Esta unidad sólo se empieza a comprender con los trabajos de Galileo Galilei sobre cinemática del movimiento y con las leyes de la mecánica de Newton. A este respecto hay que recordar las palabras del gran físico polaco de principios de siglo XX, Herman Minkowski: "El espacio por sí mismo y el tiempo por sí mismo como entes separados están condenados a las sombras, mientras que solo la unidad de los dos preserva la independencia."(*Espacio y Tiempo* 1908).

Posteriormente a Zenón empiezan los filósofos de la antigua Grecia a dedicarse seriamente a definir el movimiento y el reposo de los cuerpos. Así comienza la filosofía griega clásica a dividirse en dos fuertes tendencias: de un lado los que planteaban que la materia existe sólo en estado de movimiento y por tanto entendían el movimiento como un atributo principal de la materia (o una forma de existencia de la materia); y los que separaban a la materia del movimiento y consideraban que la primera puede existir aún sin el segundo y viceversa, y entonces introdujeron el concepto de vacío como resultado de tal pensamiento. Los primeros han sido llamados históricamente materialistas y los segundos idealistas.

Uno de los representantes más genuinos del idealismo fue Platón, y aunque parezca increíble al lector, uno de los más convencidos representantes del materialismo, en su época, fue su discípulo Aristóteles (384-322 a.C.). A pesar de lo que hemos dicho recordemos que entre estos filósofos no había todavía una dirección perfectamente definida de pensamiento y, a veces, sus ideas rozaban el ala opuesta de su posición filosófica.

Por la importancia que tuvieron en el desarrollo del pensamiento humano, aún hasta nuestros días, las ideas aristotélicas, a continuación pasaremos a analizar la figura filosófica de Aristóteles, así como sus aportes a las concepciones espacio-temporales de su época, muchas de las cuales tienen aún vigencia.

3. En defensa de Aristóteles

Quizás el título de este apartado recuerde a los lectores el de uno de los famosos *Diálogos* de Platón y puedo decirles que la elección del mismo no es casual. Es, precisamente, en uno de sus *Diálogos* titulado *La Defensa de Sócrates*, que Platón, de una manera increíblemente bella y llena de profundo amor por su maestro, describe como este se defiende en un admirable discurso ante el Areópago, de los verdugos que lo condenaron a tomarse la cicuta. Como todo educador respetuoso de su profesión se decidió a convertir en librepensadores a sus discípulos lo cual no le gustó al gobierno de Atenas que lo acusó de atacar a los dioses y corromper a la juventud. Los nombres de los condenados y los dioses ofendidos han sido otros pero, desde entonces, el hecho se ha repetido tanto que ya casi no asombra a la opinión pública que tal dictador o gobierno de turno condene al más terrible ostracismo a ciertos intelectuales "peligrosos" para la estabilidad de la sociedad.

Pero aunque parezca paradójico trataremos de defender, en las siguientes líneas a un sabio cuyo nombre ha estado relacionado estrechamente con los crímenes más terribles y desmedidos cometidos por la Iglesia Católica en el medioevo, a través de su brazo represivo: la Santa Inquisición.

Fueron: el concepto de Dios, la imagen de Cristo y la figura de Aristóteles una especie de "chivos expiatorios" tomados por las autoridades cristianas de aquella época para eliminar "santamente" a todo aquel que se oponía a sus dogmas teológicos. Dios y Cristo no necesitan reivindicaciones, pues la tienen por derecho propio, pero creemos firmemente que la sociedad moderna tiene una deuda que saldar con la figura de Aristóteles. En los últimos años un determinado segmento de la literatura científica se ha dedicado a lanzar irresponsables ataques contra el pensamiento aristotélico relacionándolo cada vez más con los crímenes de la inquisición. Debido a estos ataques un gran número de lectores de este tipo de obra han llegado a odiar la figura de este gran filósofo griego. Nada más injusto pues fue este gran pensador helénico uno de los hombres más sabios y preclaros de la antigüedad, a tal punto que hoy se le puede considerar como uno de los iniciadores de las ciencias físicas.

Aristóteles (384-320 A.C.) era hijo de un médico llamado Nicómaco. Fue alumno de Platón en su Academia de Atenas y preceptor de Alejandro Magno. Este gran hombre fue un sabio de vastísima cultura. Escribió obras sobre filosofía, ciencias naturales, historia, economía, política y teoría poética. Nació en Estagira (Macedonia) y es considerado uno de los primeros historiadores de las ciencias y la filosofía griegas. Fundó el Liceo de Atenas con su escuela llamada Peripatética.

A diferencia de su maestro, Aristóteles concedía valor objetivo a los datos que nos proporcionaban los sentidos. Para Platón, el espacio constituye el contenido sustancial de los elementos pero no le concedía al mismo realidad objetiva. Sin embargo, Aristóteles tenía conceptos diferentes sobre el espacio y el tiempo. Expresando el concepto de espacio a través del concepto de lugar (topos), Aristóteles reconoce su existencia objetiva. El espacio, para él, se representa en calidad de un cierto resultado de las relaciones entre los objetos del mundo material. Por otro lado, el tiempo, en el sistema de Aristóteles, estaba estrechamente ligado al movimiento. Él no daba realidad objetiva independiente al tiempo, de lo cual derivó su carácter relativo. Para él, el movimiento es el tránsito de un objeto de un estado a otro. De este modo, diferenciaba tres tipos de movimientos: movimiento en cualidad, movimiento en cantidad, y movimiento en el lugar. En opinión de Aristóteles: "...el fin del movimiento no debe ser un movimiento. ¿Cómo no había de serlo? La enseñanza no puede tener por fin la enseñanza". De lo anterior, él deriva una de sus tesis más criticadas después por Galileo. Esta planteaba que no podía existir movimiento sin causa. Decía: "Todo movimiento supone un primer motor, una cosa movida en un cierto tiempo, a partir de cierto punto y hacia un cierto término". Analizando estas ideas aristotélicas podemos darnos cuenta cuan bien encajaban estas ideas en la teología católica. Entonces era de esperar que fueran defendidas por la iglesia católica medieval a capa, espada y fuego, sin más análisis ni cuestionamientos.

Platón (izquierda) y Aristóteles (derecha) un detalle de "La Escuela de Atenas", un fresco de Rafael

No obstante, nadie como Aristóteles, en la antigüedad, analizó tan profundamente el movimiento de los cuerpos. Fue él, el primero en impugnar de modo categórico, la existencia real de contraposiciones no basadas en los datos de la experiencia sensorial, y todo esto lo llevó a enunciar una serie de principios que hoy se conocen como "principios de la física aristotélica". Estas tesis de Aristóteles rigieron la física de la antigüedad post-aristotélica y del medioevo y, a pesar de los ya conocidos errores que encerraban, constituyen hoy un ingeniosísimo intento de establecer la Física sobre una serie de leyes o principios extraídos de la experiencia o elaborados a base de interesantes experimentos mentales. En su sistema de leyes físicas, Aristóteles parte de dos concepciones básicas:

1- El espacio universal está totalmente colmado de materia, la cual es divisible hasta el infinito; el vacío no puede existir ni entre los cuerpos ni entre las pequeñísimas partículas que los componen.

2- El movimiento de los cuerpos es el hecho primario que no puede ser objeto de duda, todas las teorías que llevan a la negación de la realidad del movimiento son, ya por ese hecho, falsas.

Partiendo del principio de la evidencia del movimiento, Aristóteles sometió a crítica las aporías de Zenón, basadas en que la línea consta de puntos y el tiempo de instantes. Decía: "Si la postulación de los indivisibles llega a la negación del movimiento, es inadmisible".

Las tesis e ideas de Aristóteles acerca del movimiento superaron los conceptos de su época, y en muchos casos fueron precursores de teorías muy posteriores. Es cierto que

Aristóteles comprendía el movimiento solo en su aspecto mecánico, aun así su definición de movimiento era muy interesante pues planteaba que todo movimiento estaba relacionado a un cuerpo el cual se toma como referencia. De este modo sé que para el maestro el movimiento era concebido como el cambio de lugar de uno o varios cuerpos respecto a otro que se toma como referencia. Una de las ideas más revolucionarias de Aristóteles se desprende de su primera concepción básica en la cual relaciona estrechamente el movimiento a la materia. Según este primer postulado el vacío no tiene existencia objetiva pues en él no hay materia y puesto que no hay materia no puede existir movimiento lo cual es imposible.

Entre las disquisiciones que hacía Aristóteles sobre el movimiento había pensamientos como este: "Una persona no puede bañarse dos veces en el mismo río" o "Una embarcación que se encuentra en un río cambia su lugar incesantemente". En estos razonamientos él ponía de manifiesto, que si bien la persona o la embarcación se podían encontrar inmóviles respecto a un observador situado en la orilla del río, con respecto al agua del mismo, estos cuerpos se encontraban en movimiento.

Es importante destacar también que este gran filósofo griego se adelantó en alrededor de 2000 años a muchos razonamientos hechos por Galileo Galilei, lo único que con resultados diametralmente opuestos. Uno de estos se refiere a su planteamiento de que cuanto menos era la resistencia del medio al movimiento de un cuerpo, tanto mayor era la velocidad de éste (recordemos que Aristóteles pensaba que para que un cuerpo se moviera tenía que actuar una fuerza constante sobre él). Pero claro, según este razonamiento, en el vacío donde la resistencia es nula, la velocidad de los cuerpos debería ser infinita, pero en lo que respecta al movimiento mecánico, según Aristóteles, esto es imposible.

Llegó a plantear que, acorde con el razonamiento anterior, todos los cuerpos deberían caer hacia la Tierra—en condiciones de vacío— con la misma velocidad (el mismo genial planteamiento que muchos años después hiciera Galileo). Pero en este punto el filósofo griego prefirió renunciar a aceptar esta justa ley física en aras de conservar su idea fundamental de no existencia del vacío. Este increíble sofisma lo privó del honor de haber sido el primero en sostener una tesis que es hoy piedra angular de la Mecánica de Newton y que, muy justamente se le reconoce a Galileo.

Pero, ¿era realmente tan descabellada la idea de Aristóteles acerca de la no existencia del vacío? Quizás sí quizás no, pero lo que sí podemos decir a su favor es que en nuestros días existen teorías muy serias acerca del vacío, en las cuales subyacen ideas que no se diferencian demasiado de las de Aristóteles. Para poder valorar en su justa dimensión esta precursora idea de Aristóteles acerca del vacío vamos a valernos de un recurso que quizás resulte muy justificado en este libro que habla acerca de la Teoría de la Relatividad. Vamos a dar un salto en el tiempo de alrededor de 2300 años para "darnos un saltito" hasta finales del siglo XX y conocer qué decían los científicos sobre el vacío en ese tiempo.

Para entonces ya hace más de un siglo que los físicos empezaron a preguntarse cómo es posible que dos cuerpos que interactúan, lo hagan a través del espacio "vacío" que se tiende entre ellos. Veamos un ejemplo para ilustrar lo anterior. Se sabe que entre la Tierra y el Sol existe vacío, sin embargo desde la época de Newton se sabe que estos dos cuerpos se atraen mutuamente con una fuerza que es proporcional al inverso del cuadrado de la distancia entre ambos. Realmente los físicos no comprendían el mecanismo de interacción que mediaba en este caso y optaron por llamarle "acción a distancia". Pero el hecho de que este espacio pudiera estar totalmente vacío les parecía inadmisible. De este modo fue creada la teoría del *éter*, pues ellos pensaron, muy acertadamente, que sin un agente que actuara como medio de conexión no puede haber interacción. A este medio le fue dado el nombre de éter. Pero este medio llegó a ser tan controversial que, con el desarrollo de la Teoría Electromagnética de Faraday, Maxwell y Lorentz , se fue conformando un nuevo concepto que cada vez ganaba más terreno: el concepto de *campo*. Este concepto vino a servir como alternativo al éter y se tomó como soporte de la interacción a través del vacío. Pero ni el éter ni el campo, en ninguna de sus formas, en esta época eran capaces de explicar coherentemente que pasaba en realidad en ese espacio "vacío" donde no había cuerpos.

La opinión de la comunidad científica de esa época era que una parte del espacio está ocupada por la sustancia material (cuerpos y partículas) y otra parte del espacio está ocupada por el campo en sus dos formas conocidas en aquel tiempo, campos gravitatorio y electromagnético. A esta parte ocupada por el campo era a lo que se le llamaba vacío.

Pero **la Teoría de la Relatividad** vino a establecer la verdadera relación entre los cuerpos y el vacío. La idea es que la sustancia (los cuerpos) ejerce influencia sobre el espacio que la rodea. El espacio, que en ausencia de cuerpos (lo cual solo es posible en nuestra mente) es homogéneo e isótropo, cuando se introduce en él un cuerpo, pierde su homogeneidad e isotropía. Esto lo explica la Teoría de la Relatividad planteando que el espacio resulta ser no solo el "recipiente" de los cuerpos, sino también de los campos. Pero, ¿qué es en realidad el campo? El campo, según los físicos del siglo XX, es el agente material a través del cual se efectúan las interacciones entre los cuerpos. De lo anterior se puede concluir que el campo debe poseer energía, pues es de suponer que a través del mismo ésta fluya de un cuerpo a otro llevando la interacción. Y, ¿no está la energía estrechamente ligada al movimiento?

La conclusión, entonces, es clara. En realidad el vacío no existe, existe solamente sustancia (cuerpos másicos) y campo (energía).

Después de esta discusión acerca de la no existencia real y objetiva del vacío, regresemos a la época de Aristóteles. Como vimos, no era, ni por mucho, descabellada la idea de Aristóteles respecto del vacío. Pero, ¿cómo explicar que lo haya conducido a conclusiones equivocadas?

La razón por la cual Aristóteles erró en sus conclusiones sobre la caída de los cuerpos fue la misma que hizo que se equivocara al considerar a la Tierra como centro de nuestro sistema y fue la misma que lo hizo considerar que la luz viajaba a una velocidad infinita. Este gran sabio griego, como muchos de otros eruditos, entre los que se puede citar a su coterráneo Claudio Tolomeo, estaba atrapado en su época, era víctima de una trampa del tiempo. ¿Qué queremos decir con esto?, pues que la rudimentaria tecnología de su tiempo no le permitía ir más allá de sus propios análisis. Lo mismo que Leonardo Da Vinci no tenía en su tiempo posibilidades tecnológicas para materializar sus audaces proyectos de aeroplanos y otras máquinas, Aristóteles no tenía medios para percatarse de la finitud de la velocidad de la luz y de la movilidad de la Tierra. Como plantea A. Gurshtein en su ya citado libro *Los Enigmas Seculares del Cielo*: "Al sabio de la antigüedad le era difícil imaginarse que las particularidades del movimiento de los planetas pueden ser explicadas por el movimiento de la Tierra. Ellos no viajaban en cómodos aviones, ni en grandes barcos, donde la gente, al igual que en tierra, puede tranquilamente caminar, comer y tomar. Ellos solo disponían de camellos, de vetustos carruajes y pequeñas embarcaciones, con las cuales el mar embravecido jugaba como quería. A la mayoría de los sabios antiguos les parecía que si la enorme Tierra echaba a andar sacudiría todo lo que se encuentra sobre ella, no dejando nada".

Aristóteles, como otros, fue víctima del espejismo de sus sensaciones y no tenía medios fiables para salir de su error. No obstante, sus ideas y razonamientos sobre los fenómenos físicos fueron brillantes y muy revolucionarios para su época. Sin embargo, los teólogos de la cristiandad medieval escogieron como soporte de sus dogmas los resultados más negativos de la filosofía aristotélica y así perduró hasta nosotros una versión distorsionada de la misma. Las ideas más brillantes y revolucionarias de la física aristotélica fueron ocultadas deliberadamente por las autoridades eclesiásticas medievales, las cuales llegaron hasta destruir algunos de sus textos, y otros los hacían inaccesibles en las bibliotecas de los monasterios, aún para los propios monjes.

Es por todo lo anterior que hemos querido exponer en esta modesta obra, aunque en forma breve, algunas de las ideas más preclaras y menos conocidas de Aristóteles, por el gran público. Esperamos con esto contribuir al esclarecimiento de la imagen científica de este macedonio, genuino exponente de los más puros principios de la filosofía y la sabiduría helénica.

4. Alejandría: La Gran Capital de la Cultura Antigua

Finalizando el siglo IV a.c. el joven príncipe Alejandro de Macedonia (356-323 a.c.) cuyo preceptor, como ya dijimos, fue Aristóteles, inicia una larga serie de conquistas que lo llevaron a hacerse elegir generalísimo de toda Grecia y a cruzar el Helesponto venciendo a las tropas de Darío III rey de Persia. Después de una cadena de victorias en el Asia Menor se apoderó de Egipto.

En el año 331 a.c. Alejandro funda la ciudad de Alejandría en Egipto, a orillas del mar Mediterráneo y justamente en la desembocadura del rio Nilo. Su fundador, seguramente poseído por las ideas de su preceptor, quiso que esta ciudad se convirtiera en la nueva capital del mundo griego, reflejándose en ella el esplendor de la cultura helénica. Aunque el propio Alejandro no vivió para ver realizado su sueño, puesto que murió seis años después, sus sucesores, muy en particular la dinastía de los Ptolomeos, lograron crear un centro cultural en Alejandría que hoy estamos seguros llegó a superar los sueños del mismo Alejandro Magno.

Fueron muchos los distintivos de aquella magnífica ciudad, entre los que se destacaba el inmenso faro de 400 pies de altura que iluminaba su rada y que hoy es considerado una de las siete maravillas de la edad antigua. Otras dos importantes construcciones que se distinguían en Alejandría fueron el llamado Museo o Templo de las Musas y junto a él la enorme biblioteca que llegó a ser la más grande y mayor surtida de la antigüedad. A este centro cultural acudieron, atraídos por su esplendor, sabios griegos, judíos y árabes entre los cuales se pueden contar figuras de la talla del poeta Calímaco, autor del famoso poema *La cabellera de Berenice*; Euclides, el famoso geómetra autor de una monumental obra sobre geometría, en nueve tomos, que constituye hoy un bello obelisco a la sabiduría humana. Otros dos grandes de aquella época que desarrollaron parte de su obra en esa ciudad fueron el gran físico y matemático siracusano Arquímedes y el destacado matemático Apolonio de Perge, miembros del claustro de la Universidad de Alejandría. Posteriormente, también desarrollaron sus actividades científicas e intelectuales en esta ciudad los muy conocidos astrónomos Claudio Tolomeo y Aristarco de Samos; el gran matemático y geodesta Eratóstenes, así como el destacado matemático Herón. Algunos de estos ilustres intelectuales llegaron a ser directores de la citada biblioteca.

La biblioteca de Alejandría fue saqueada e incendiada en varias oportunidades, primero por los soldados romanos de Julio César en el siglo I a. C. Ardió de Nuevo en el 390 d.C. y lo que de ella quedó fue destruido por las huestes del califa Omar en el 641 d.C. En los sucesivos incendios y saqueos se perdieron gran cantidad de los más de 600 mil volúmenes que llegó a tener. Por suerte, los sabios árabes que vinieron tras las tropas de Omar lograron rescatar de la destrucción algunos de los textos los cuales fueron traducidos, posteriormente por estos sabios, del griego al árabe. Una de las obras salvadas de aquella barbarie fue la grandiosa colección en trece tomos del astrónomo Claudio Tolomeo titulada *Gran Construcción Matemática de la Astronomía* o, como después fue conocida en el mundo árabe: *Almagesto.*

Como vimos, fue en este magnífico centro cultural y comercial de la antigüedad donde se desarrolló la más intensa vida científica e intelectual del mundo por espacio de casi 600 años. Sería imposible pasar por alto esta etapa del desarrollo de la sociedad y a sus protagonistas si queremos dejar en claro cuánto avanzó la ciencia en la edad antigua y el legado que dejó esta etapa a la posteridad, sobre todo en materia de Astronomía, Matemática y Física como soporte de los conceptos espacio-temporales.

Sin lugar a dudas, ideas mucho más acabadas sobre el espacio, el tiempo y el Universo se fueron forjando en esta escuela alejandrina, baste recordar que aquí desarrolló su trabajo Euclides (325a.C.-265a.C.). En nuestros días, a la luz de los resultados de las Geometría no Euclidiana elaboradas básicamente, por Lobachevsky y Riemann, podemos llegar a la conclusión de que la geometría desarrollada por Euclides es un modelo increíblemente exacto, armonioso y sencillo del entorno especial en que vivimos. El hombre pudo utilizar con acierto este modelo (y aún lo hace) por más de 2000 años, desarrollando sobre sus bases toda la llamada Física Clásica que fue elaborada entre los siglos XVII y XIX, incluidas la Mecánica Clásica, la Termodinámica, la Mecánica Estadística y el Electromagnetismo. También ha sido exitoso su uso en las más variadas tareas de ingeniería y arquitectura donde todavía nada puede sustituirla.

Sin embargo, desde una época muy cercana a la de Euclides, el gran matemático Eratóstenes de Alejandría (¿284-192? a.C.) demostró, mediante su casi perfecta medición del radio de la Tierra, que la distancia más cercana entre dos puntos de nuestro esférico mundo no es el segmento de recta que los une (como aseguraba Euclides) sino un arco de circunferencia. No obstante, la geometría de Euclides siguió rigiendo los destinos del espacio tridimensional sin mácula aparente, excepto en lo que se refería a las distancias en la navegación marítima. El genio de Euclides fue tal que entre sus postulados fundamentales halló lugar uno, que a todas luces, era de tal complejidad lógica que más parecía un teorema que un principio o postulado. Pasaron más de 20 siglos para que el genial matemático y educador ruso N. I. Lobachevski se diera cuenta de que aquel Quinto (V) Postulado de Euclides o postulado de las paralelas no había sido más que una puerta de escape que había dejado Euclides para que los matemáticos del futuro salieran en busca de otras geometrías de espacios curvados tan consistentes como la suya.

Euclides de Aleiandría

El V postulado de Euclides plantea que por un punto exterior a una línea recta puede pasar una y solo una línea recta paralela a la anterior. En realidad este V postulado se ajustaba solamente al modelo geométrico diseñado por Euclides para una realidad especial restringida. Con este postulado el gran geómetra nos estaba dando la oportunidad de no ceñirnos solo a un sector del espacio universal. No sabemos hoy, con certeza, si este gran matemático entendió en toda su magnificencia el alcance de ese V postulado, pero aun así, estamos seguros de su elevadísimo grado de intuición al darle la categoría de postulado a aquel enunciado sobre las paralelas.

Algunos años después de que Euclides escribiera sus *Elementos*, el destacado sabio Eratóstenes, a la sazón director de la biblioteca de Alejandría, culminaba uno de los trabajos más importantes que se realizaron en la antigüedad: la primera medición del radio terrestre. El resultado de este trabajo constituyó un hito histórico para las ciencias, pues demostraba por primera vez y de manera fehaciente la redondez de la Tierra. Este evento sentaba las bases para el posterior desarrollo de la geometría esférica, alternativa, en nuestro globo, de la geometría plana de Euclides. Eratóstenes pudo probar que la geometría euclidiana se ajustaba a la realidad terrestre solo cuando las distancias que estaban en juego eran pequeñas en comparación al radio de la Tierra. Cuando era necesario determinar distancias mayores sobre nuestro planeta los resultados de la geometría euclidiana se alejaban de la realidad, y era necesario usar los principios de la geometría esférica.

Eratóstenes fue un sabio multifacético y siempre dispuesto a realizar las más complejas investigaciones con tal de saciar su sed de conocimientos. Quizás fue por eso que estuvo dispuesto a realizar este maratónico experimento de medición del radio del globo terráqueo en una época en que los medios técnicos eran sumamente rudimentarios. A continuación trataremos de describir lo más detalladamente posible el experimento de Eratóstenes.

Exactamente al sur de Alejandría se encontraba la ciudad de Sirene (hoy Asuán) en la cual el propio Eratóstenes se había fijado que al medio día de determinado día del mes de Julio, el sol sobre dicha ciudad no arrojaba apenas sombra sobre una varilla vertical. En ese mismo momento se podía observar la superficie del agua hasta en los pozos más profundos. De esta observación él dedujo que la altura del sol en Sirene en ese momento era de 90^0 exactamente.

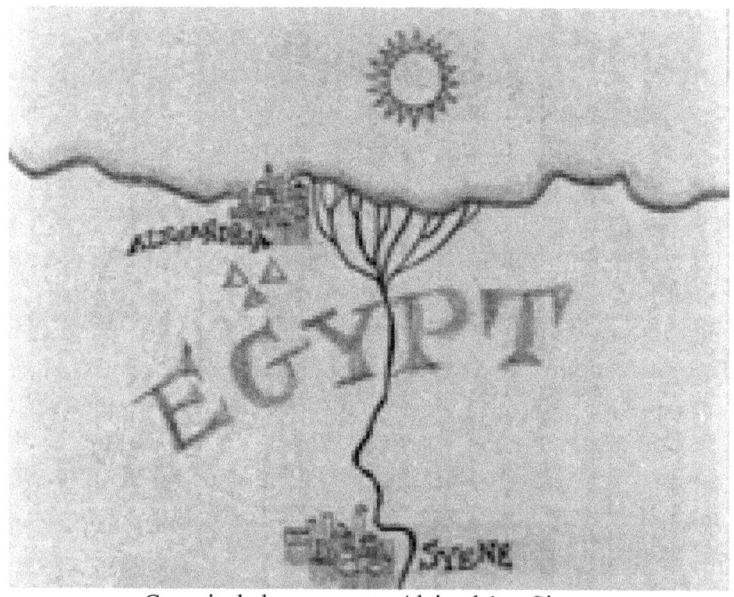

Croquis de la zona entre Alejandría y Sirene

Según las mediciones de Eratóstenes, el Sol en Alejandría (en el mismo instante en que se encontraba a una altura de 90^0 sobre Sirene) se desviaba del cenit en alrededor de 1/50 partes del ángulo total de la circunferencia. De estas observaciones, Eratóstenes dedujo que la diferencia de latitudes entre Sirene y Alejandría era de 7^0 12´ (esto significa 7 grados sexagesimales – o 7 pasos solares – y 12 minutos de grado).

El problema de la distancia entre Sirene y Alejandría estaba resuelto con gran precisión, para la época, pues los agrimensores bematistas hacían mediciones casi anuales del fértil valle del Nilo, lugar donde se encuentran estas dos ciudades. La distancia entre ambas ciudades era de 500 estadios griegos, equivalentes a unos 800 km.

Con estos datos y usando relaciones geométricas ya conocidas para tales efectos, Eratóstenes determinó el radio de la Tierra con una excelente precisión que resulta asombrosa, aún en nuestros días.

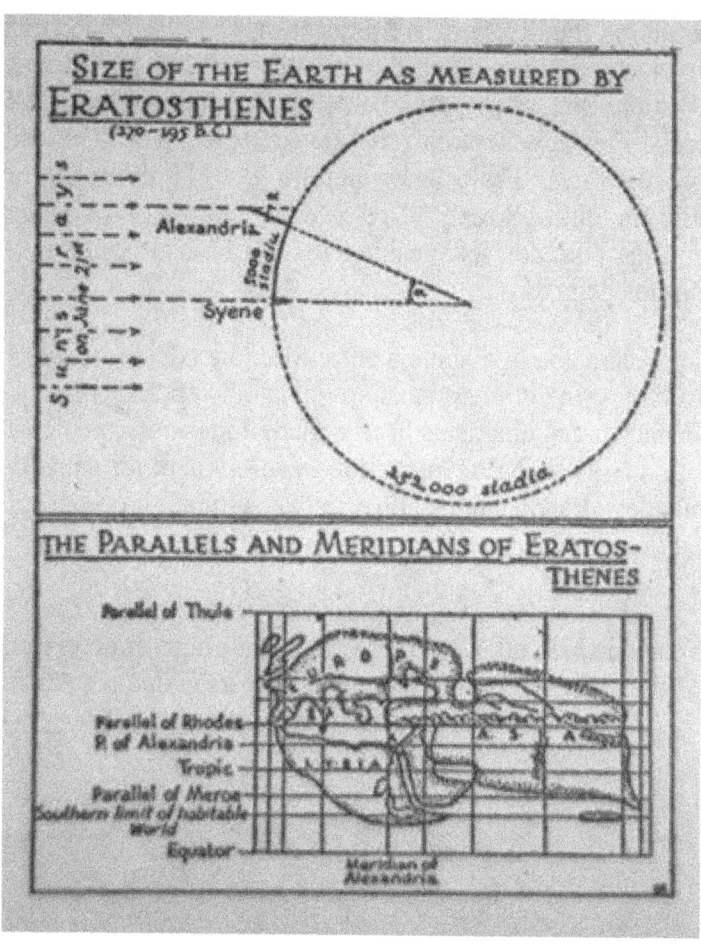

Técnica de Eratóstenes para determinar las dimensiones de la Tierra.

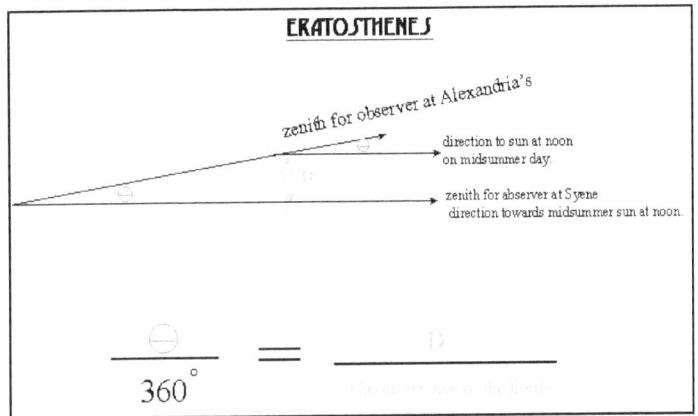

Diagrama que muestra los detalles de los cálculos de Eratóstenes.

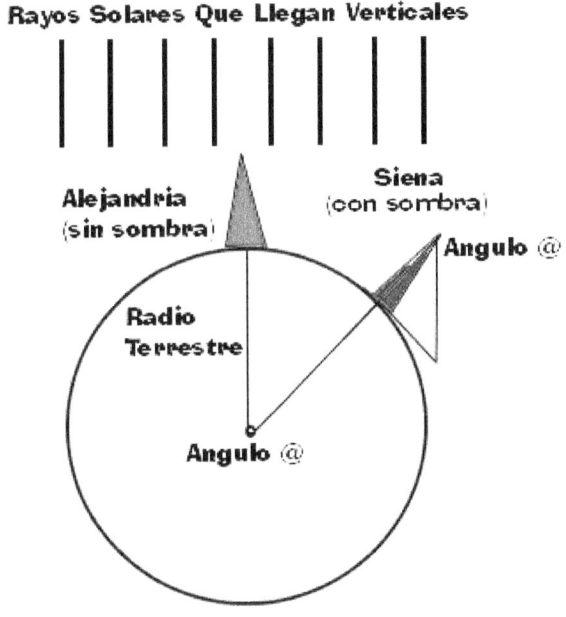

Diagrama que ilustra el razonamiento de Eratóstenes

El resultado de la medición del radio terrestre por Eratóstenes fue de 6550 km con un error del 1% equivalente a unos 60 km. Esta determinación del radio de nuestro planeta es considerada la más exacta lograda hasta el siglo XVII.

Después de conocer los detalles de este magnífico experimento nos puede parecer inconcebible en nuestros días, que en parte de la antigüedad y en todo el medioevo la Tierra fuese considerada plana, ignorando las mediciones realizadas por este gran matemático que demostraban fehacientemente la redondez de la Tierra. Por otro lado si vamos a la Biblia, encontramos que en el libro de Job capítulo I versículo 7, se hace mención a la redondez de la Tierra; allí se dice textualmente: "Y dijo Jehová a Satanás: ¿De dónde vienes? Respondiendo Satanás a Jehová, dijo: De rodear la tierra y de andar por ella.". Teniendo en cuenta que la palabra "rodear", usada en el citado texto, es sinónimo de las palabras: circundar y circunscribir, las cuales dan idea de que la "tierra" rodeada por Satanás fuese redonda, geométricamente hablando, se podría suponer que el autor de este texto bíblico, ya en época tan remota (unos 1000 años a.c.) tenía conocimiento de la forma esférica de la Tierra. . Esto demuestra el grado de dogmatismo de las autoridades de la iglesia católica de la Edad Media, que no los dejaba, ni tan siquiera, interpretar con claridad los pasajes de las Sagradas Escrituras.

Como ya hemos mencionado, otro de los grandes de todos los tiempos que desarrolló parte de su vida y su trabajo en Alejandría, fue Arquímedes de Siracusa (287-212 a.C.). Los aportes más conocidos de este famoso físico-matemático fueron las leyes de la hidrostática, una de ellas conocida hoy con su nombre; el descubrimiento y aplicación de las leyes de las máquinas simples (la palanca, la polea y el plano inclinado) a la construcción de máquinas de guerra (con las que defendió a Siracusa del asedio romano); y una serie de trabajos en matemáticas entre los que se encuentran su ingenioso método para calcular áreas, volúmenes y centros de gravedad de cuerpos sólidos (estos descubrimientos constituyen el embrión del cálculo integral). También, se pude decir que inició la geometría diferencial con el descubrimiento de un método para hallar la tangente de curvas tales como la espiral que lleva su nombre.

Sin embargo, es muy poco conocido en la actualidad que Arquímedes fue, también, un precursor de las ideas relativistas en la antigüedad. En su obra *El Contador de Arena*, dedicada al rey Gelón de Siracusa, él hizo un gran aporte a la cognoscibilidad del Universo ayudando a empedrar el camino de la relatividad. En esa obra el genial físico y matemático, usando una anticipación del hoy conocido método estadístico, trata de demostrar que la cantidad de arena del Universo es finita. Él comienza preguntándose cuantos granos de arena, colocados uno junto al otro, cabrían en el diámetro de una semilla de amapola, luego, cuantas semillas de amapola cabrían en el ancho de un dedo, y así va pasando de la anchura de un dedo a la distancia de un estadio y continuando sucesivamente hasta llegar a un espacio de 10,000 millones de estadios. En sus cálculos, Arquímedes va desarrollando lo que hoy sería la "teoría de índices" y la de "índices de índices" y a través de ellas va clasificando sus números gigantescos en órdenes y períodos. En la citada obra, el primer orden está formado por todos los números desde 1 hasta $1,000,000,000 = 10^9$ y el primer período acaba con el número $10^{800,000,000}$

Arquímedes de Siracusa (287-212 a.C.)

Para que tengamos una idea más clara de cuán consciente pudo haber estado Arquímedes de la importancia de estos cálculos, veamos lo que decía el propio Arquímedes al rey Gelón en la dedicatoria de este texto: "Hay algunos, rey Gelón, que creen que la cantidad de arena es infinita en número; y por arena no me refiero solo a la que existe en

Siracusa y en el resto de Sicilia, sino también a la que se halla en cualquier región habitada o deshabitada. Y, además, hay algunos que sin considerarla infinita creen, no obstante, que no se ha designado ningún número suficientemente grande para rebasar su cantidad".

Más adelante, como conclusión, plantea: "Comprendo que estas cosas, rey Gelón, parezcan increíbles a la gran mayoría de la gente que no ha estudiado matemáticas, pero para aquellos que están versados en ellas y han pensado en la cuestión de las distancias y los tamaños de la Tierra, el Sol y la Luna, y de todo el Universo, la demostración será convincente".

Sería comprensible considerar que todo lo anterior es suficiente para darnos cuenta de que con esta su obra, Arquímedes se convertía en el primero en la historia de las ciencias, hasta donde el autor alcanza a conocer, en dedicarse a la cosmología a gran escala de una manera formal, como lo hacen en nuestros días los cosmólogos que se han dedicado a la determinación del número aproximado de galaxias, de estrellas, de planetas y de cuerpos celestes en el Universo. De esta manera, Arquímedes, desde su remota época, nos da una ilustración cuantitativa de que el Universo en que vivimos es finito en el número de mundos que lo componen, aun pudiendo ser espacialmente ilimitado.

Posterior a la época de Arquímedes vivieron en Alejandría dos astrónomos y matemáticos muy importantes, Apolonio de Perge e Hiparco de Nicea (siglos III y II a.C.). Ellos desarrollaron un sistema planetario basado en los anteriores sistemas platónico y aristotélico, en el que cada planeta se mueve en un círculo, cuyo centro se mueve, a su vez, en otro círculo que tiene como centro inmóvil del Universo a la Tierra. Usando este sistema y extraordinarias observaciones realizadas por él mismo, Hiparco de Nicea elaboró un detallado catálogo estelar con la posición de cerca de 1,000 estrellas en el cielo. Este catálogo (el más antiguo entre los que se han conservado) estuvo vigente por muchos años, pues las tablas fueron calculadas para 600 años. Fue Hiparco el que dividió, por primera vez, a las estrellas visibles según sus brillos.

Como hemos visto, el geocentrismo (la Tierra como centro de giro de todos los planetas, incluso el Sol) fue predominante en la antigüedad, pero no fue el único tipo de sistema concebido por los astrónomos de aquella era. En época tan remota como el año 370 a.c. Heraclidas de Ponto, y unos años después Aristarco de Samos, elaboraron sistemas alternativos en los que se afirmaba que la Tierra era una esfera que giraba sobre su propio eje y se desplazaba en círculo alrededor del Sol. Desafortunadamente, ninguno de estos dos estudiosos contaba con argumentos convincentes para defender sus posiciones por lo que sus ideas no prendieron en los círculos astronómicos de sus respectivas épocas y no pasaron de geniales destellos de heliocentrismo en la Grecia Antigua. Quién sabe si el propio Copérnico tuvo noticias de estas hipótesis y esto encendió en él la chispa de la curiosidad que lo llevó a plantear su sistema heliocéntrico. Hoy muchos autores denominan a Aristarco de Samos con el ilustre sobrenombre del "Copérnico de la antigüedad".

El geocentrismo tuvo su punto culminante en los relevantes trabajos del más grande astrónomo de la Grecia Antigua: Claudio Tolomeo (hay algunos autores que lo sitúan en el siglo II a.C., otros en el siglo I a.C. y otros pocos entre los siglos I y II d.C.). En su trascendental obra *Megale Syntaxis o Constructio Mathematica* (Gran Construcción Matemática de la Astronomía en Trece Libros), Tolomeo culminó la imagen geocéntrica del Universo mediante un esquema tan exacto del movimiento de los planetas que, aún hoy, es válido en cuanto a una primera aproximación de la posición de cada astro. Hasta que apareció la obra de Copérnico, la "Gran Construcción..." de Tolomeo fue el libro de cabecera de todo astrónomo, y aún después se siguió usando por algunos años.

El sistema de Tolomeo consistía en círculos cuyos centros se movían, a su vez, en círculos (este tipo de construcción geométrica se conoce con el nombre de "epiciclo") y reproducía los movimientos observados de los planetas con una exactitud razonable. Sin embargo, las curvas que predecían los movimientos eran muy complicadas y de difícil comprensión. Tolomeo, siguiendo el camino de Hiparco, escogió una de varias explicaciones contendientes del movimiento planetario e interpretó los hechos mediante una ingeniosa combinación de órbitas circulares. En una interesante anécdota se cuenta que Alfonso X llamado El Sabio, rey de Castilla, dijo alrededor del año 1200 que si él hubiese sido consultado en el momento de la creación, habría hecho al Universo según un plan mejor y más simple que el de Tolomeo. Aun así hay autores que piensan que el sistema de Copérnico fue, al final, más complicado que el de Tolomeo.

El sistema tolemaico del mundo atrajo notablemente a los árabes de medioevo, los cuales tradujeron su obra con el nombre de *Almagesto* y de esta forma fue posible que la misma entrara en la Europa medieval con tal éxito que fue reconocida por la iglesia cristiana y considerada por la misma como una verdad indubitable. Lo anterior se justifica por el papel preponderante que tiene la Tierra en dicho sistema lo cual compaginaba con la interpretación que hacían los clérigos católicos de la cosmología bíblica.

El sistema geocéntrico de Tolomeo, que en los tiempos de su formulación fuera una construcción matemática brillante y original, con el tiempo se transformó en un dogma y un terrible freno del progreso científico ulterior. Jamás astrónomo semejante a Tolomeo vivió en la antigüedad. Por la profundidad e imaginación desplegada en su obra no hubo astrónomo anterior ni posterior a él en la antigüedad y, aún es considerado uno de los más grandes de todos los tiempos.

A Tolomeo, como a sus antecesores, Aristóteles, Hiparco y otros, no le era dado, en su época, ver el Universo de otra forma que no fuera con la Tierra como centro, pero así y todo supo interpretar y organizar matemática y geométricamente aquellas caprichosas trayectorias que seguían los planetas observados desde el nuestro. ¡Qué derroche de ingenio fue necesario desplegar por este genial hombre para poder explicar el movimiento de los astros desde el sistema de referencia quizás menos apropiado, pero indudablemente, el único que tuvo a mano en sus días, la Tierra!

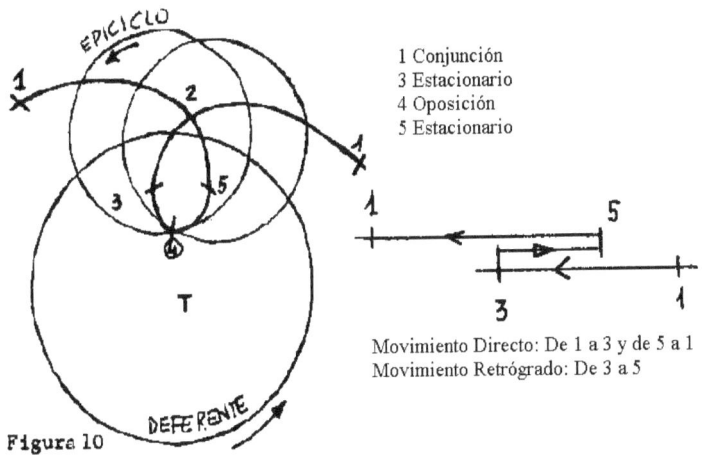

1 Conjunción
3 Estacionario
4 Oposición
5 Estacionario

Movimiento Directo: De 1 a 3 y de 5 a 1
Movimiento Retrógrado: De 3 a 5

Figura 10

Diagrama que ilustra el sistema astronómico de Tolomeo con la Tierra en el centro. En él se puede ver el movimiento de uno de los planetas según este sistema.

Para terminar con este recorrido histórico por las ideas relativistas de la edad Antigua vamos a mencionar a uno de los grandes físicos de finales de esta época y también originario de Alejandría, Herón (10-70 d.C.). En la obra de este científico había una fuerte tendencia práctica lo cual lo llevó a desarrollar lo que fue considerada la primera máquina de vapor de la historia. A pesar de estimarse hoy a Herón el descubridor de la fuerza motriz del vapor, este invento no trascendió y hubo que esperar alrededor de 1600 años para que el inglés James Watt lo redescubriera y le diera aplicación en un artefacto capaz de moverse autónomamente.

Sin embargo, para nuestra historia, la máquina de vapor no es lo que más nos interesa entre los trabajos de este alejandrino. Él también se dedicó por largo tiempo al estudio de la óptica geométrica, sobre todo a la formación de imágenes en espejos planos. En uno de sus teoremas sobre la reflexión de la luz se establece que cuando la luz procedente de un objeto se refleja sobre un espejo, la trayectoria del rayo de luz entre el objeto y la imagen tiene una longitud mínima. Este teorema puede ser considerado el embrión del hoy llamado principio de Fermat, que en su variante mecánica se conoce como principio de acción mínima de Hamilton. Este último principio fue uno de los pilares sobre los que Einstein edificó su **teoría de la relatividad**. Debido a esto algunos autores consideran a Herón de Alejandría como uno de los pioneros de las ideas relativistas.

Posteriormente a Herón de Alejandría no tenemos noticias de la existencia en la antigüedad de algún otro filósofo, astrónomo o matemático que haya aportado ideas precursoras sobre el espacio-tiempo. Tuvo el mundo que esperar más de mil años para que aparecieran astrónomos y físicos de la talla de Tolomeo y Aristóteles. No fue hasta el siglo XV d.C. que surge el gran Nicolás Copérnico con su revolucionario y anticlerical sistema del mundo, que mejoró en gran medida los resultados de Claudio Tolomeo. Así también se puede decir que hubieron de pasar alrededor de dos mil años para que algunas de las tesis erróneas de Aristóteles fueran echadas por tierra por Galileo Galilei.

A modo de resumen de este paseo histórico por las tesis más antiguas acerca de espacio-tiempo podemos decir que fue la era Antigua, fundamentalmente en Grecia, pródiga en ideas y pensamientos filosóficos importantes en la conformación de los conceptos que tenemos hoy en día sobre el espacio y el tiempo. Después de todo lo que hemos visto hasta ahora en esta obra estamos convencidos que las concepciones espacio-temporales que vieron la luz con la teoría de la relatividad a principios del siglo XX venían gestándose desde hace miles de años, más que a modo de elucubraciones locas y trasnochadas de un grupo de orates, a modo de tesis afincadas profundamente en lo más genuino del pensamiento filosófico y matemático.

Capítulo II

La Astronomía y la Mecánica desde Copérnico a Newton

1. Algunas luces en la oscuridad medieval

La última etapa de la era Antigua está caracterizada por la dominación romana de casi toda Europa y parte de Asia y África. Los romanos eran sin duda, una gran cultura en el plano de la política, las artes, así como en las diversas técnicas aplicadas a la ingeniería y el arte de la Guerra. De esa forma ellos pudieron construir magníficas calzadas, acueductos, puertos y todo tipo de edificaciones tanto civiles como militares. Todo lo anterior les permitió desarrollar toda una serie de artes de guerra mediante las cuales fueron conquistando y sometiendo a muchos de los pueblos de la antigüedad, desde el propio valle del Lacio, punto de partida de su civilización. Los romanos fueron fieles herederos en todo lo anterior de los que fueron prácticamente su raza progenitora, los griegos, pero en la esfera de las ciencias y las matemáticas se quedaron bastante a la zaga de sus antecesores. Baste decir que en lo que se refiere a la concepción del Universo así como a las ideas sobre espacio y tiempo solo se puede nombrar a un ilustrísimo filósofo romano, Tito Lucrecio Caro (98-55 a.C).

La obra fundamental de este filósofo latino es su poema filosófico *De la naturaleza de las cosas*, una exposición didáctica y lírica del sistema de Epicuro. Fue este pensador excepcional en su cultura el único materialista de la Roma Antigua, capaz de formular ideas tan interesantes como algunos atisbos que se observan en su obra sobre la ley de conservación de la materia, en la que pone de manifiesto la eternidad de los átomos que se encuentran formando todas las cosas. También hizo algunas observaciones acerca del tiempo como forma de existencia de la materia, de donde se infiere que este no tiene existencia independiente del movimiento de los cuerpos. Aquí se ve una fuerte influencia aristotélica en la obra de este filósofo. Lucrecio planteaba que el Universo es finito y que en todas partes del mismo se está produciendo una eterna transformación de la materia que lo forma.

Pero Tito Lucrecio Caro fue solo un montículo de pensamiento abstracto en la inmensa llanura que constituyó el pensamiento más pragmático y utilitario de los antiguos romanos. El matemático y filósofo inglés Alfred N. Whitehead (1861-19470) dijo en su libro *Ensayos en Ciencias y Filosofía*: "La muerte de Arquímedes a manos de los soldados romanos simboliza un cambio mundial de primera magnitud. Los romanos eran una gran raza, pero estaban condenados a la esterilidad que acompaña a la calidad práctica. No eran suficientemente soñadores para llegar a nuevos puntos de vista, que podrían proporcionar un control más fundamental sobre las fuerzas de la naturaleza. En realidad ningún romano perdió su vida por encontrarse absorto en la contemplación de un diagrama matemático".

La caída del imperio romano de occidente en el siglo V d.C. a mano de las tribus bárbaras vecinas (godos, francos, hunos, etc.) deja una Europa totalmente dividida y envuelta en violentas luchas intestinas. Pero además esa Europa quedará por mucho tiempo impregnada de aquella cultura romana que un día la inundó y que ahora le dejaba no sólo su idioma como herencia sino también aquel sentido práctico y guerrerista que los caracterizaba.

A la nueva Europa poco le interesaba el pensamiento filosófico de la antigua Grecia y el legado de su vasta obra en materia de Astronomía, Matemáticas y Filosofía. Debido a las mencionadas luchas intestinas, era mucho más importante para los pobladores medievales de Europa el desarrollo de ideas más prácticas que abstractas pues era menester para ellos construir eficaces fortalezas y mortíferas armas para lo cual solo era necesario conocer el funcionamiento de las máquinas simples tales como la polea y el plano inclinado así como el uso de las combinaciones de estas.

Poco importaba en esa época la observación de las estrellas, la Luna y los planetas. Incluso la navegación no necesitaba tanto de estas cosas pues por las características del comercio en aquel tiempo más bien se reducía al cabotaje y a la transportación de mercancía a través de los ríos. Llega entonces para esta parte del mundo una era, que se va a extender por varios siglos, en la cual se puede decir que el desarrollo de la actividad cultural humana retrocede con relación a lo que ya había sido creado por los antiguos pobladores del Helesponto y del valle del Lacio.

Sin embargo, algo muy diferente estaba ocurriendo en esta época en lo que fue llamado el imperio romano de oriente con centro en la gran ciudad Constantinopla. En esta parte del mundo la dominación romana permanece algunos siglos más, pero no puede resistir por mucho tiempo el asedio de los reinos vecinos. En el siglo VII d.C. se desata una sangrienta lucha entre este imperio y el reino de Persia que llega a amenazar la existencia misma del imperio, pero el emperador Heraclio I logró derrotar definitivamente a los persas en el 628 d.C. Después de esta confrontación ambos imperios (el bizantino y el persa) quedan muy debilitados y esta situación es aprovechada por los árabes que entre los años 635 y 643 logran arrebatarle las provincias de Siria, Egipto y Palestina. La fuerza militar de este estado árabe fue tal que solo en pocas décadas establecieron un imperio de tal magnitud que llegó a superar en extensión y riqueza lo que había sido la unión de los dos imperios romanos. Lograron además dominar toda el Asia central, casi toda la parte norte de África y, cruzando el estrecho de Gibraltar, se adueñaron de España siendo solo detenidos por los reinos situados más al norte de la península Ibérica.

Como ya hemos citado anteriormente, al principio de todas estas conquistas ocurrieron cosas terribles para la cultura universal, tales como el incendio y total destrucción del Museo (o templo de las musas) y la biblioteca de Alejandría. Todo esto sucedió en el año 641 y lo realizaron las huestes del califa Omar. De esta manera fue reducido a escombros y cenizas el último gran reducto de la cultura griega antigua. Siglos de pensamiento y amor al saber humano fueron sepultados o desaparecidos para siempre de la escena mundial.

A pesar de toda esta debacle no todo se perdió. Detrás de los ejércitos árabes iba llegando su civilización nada despreciable, heredera e intermediaria de la antigua sabiduría India. Con la llegada de los sabios árabes se pudieron rescatar algunas importantes obras que no habían sido destruidas, entre ellas la famosa *Construcción Matemática* de Tolomeo, la cual fue inmediatamente traducida al árabe con el nombre de *Megiste* y que años después fue introducida en Europa con el nombre tergiversado de *Almagesto*.

Los árabes comenzaron el desarrollo de una gran cultura en todos los territorios ocupados. A la antigua sabiduría greco-latina le incorporaron el sistema de numeración que ellos habían heredado de la India y que hoy se conoce como sistema de numeración arábigo el cual fue introducido en Europa en el año 1202 por el gran matemático italiano Leonardo de Pisa (más conocido como Fibonacci) (1175-1250), en su libro *Liber Abaci* (Libro de los Cálculos). Con este Nuevo sistema de numeración la matemática y la astronomía encontraron un medio expedito de avance, ya que el mismo era superior al sistema romano de numeración por su sencillez a la hora de expresar las distintas cifras y por la inclusión de un nuevo e importantísimo elemento numérico, el cero. Precisamente una de las causas por las cuales las matemáticas habían avanzado muy poco en la Roma antigua era por el engorroso e incompleto sistema numérico que allí se usaba.

En los siglos finales del primer milenio después de Cristo y en los primeros del segundo los árabes se revelaron como excelentes astrónomos, matemáticos y médicos. La cultura árabe, a pesar de ser la vencedora desde el punto de vista militar, fue profundamente penetrada por la sabiduría griega. Después de un inicial repudio del clero musulmán a los valores culturales de los helenos, estos pueblos venidos del oriente fueron fusionándose culturalmente con los pueblos conquistados de lo cual surgió una esplendorosa síntesis cultural gracias a la cual el medioevo oriental no permitió que toda la sabiduría acumulada hasta ese momento se perdiera como ocurrió con el medioevo europeo. Los sabios árabes revivieron la geometría, el álgebra, la astronomía y la botánica y la enriquecieron con nuevos aportes que fueron conocidos en occidente solo siglos después. Realmente en lo que se refiere a las ideas y conceptos abstractos acerca del espacio y el tiempo, así como a nuevos sistemas del Universo, el aporte de los árabes no se puede calificar de relevante. Ellos se limitaron a usar el sistema de Tolomeo en sus estudios astronómicos y reeditaron cálculos ya realizados anteriormente por los filósofos griegos. Estos sabios orientales repitieron los trabajos de medición del radio de la Tierra. Esta medición la realizaron en el desierto de Sind, entre las ciudades de Tadmos y Rakka, bajo las órdenes del gran matemático Al-Jorezm usando el mismo método desarrollado por Eratóstenes. Fue precisamente del nombre de este gran sabio del siglo IX que se acuñó el término Algebra para denominar a esa rama de las matemáticas (proviene del nombre latinizado de Al-Jorezm "Algorihme". A diferencia de la Europa medieval no hubo tabúes religiosos en el Islam que se opusieran a la idea de la esfericidad de la Tierra.

Los árabes se caracterizaron más por sus trabajos prácticos en el campo de la astronomía; y en lo que se refiere a ideas físicas colaterales a la astronomía se puede decir que hicieron grandes aportes a la óptica con el objetivo de perfeccionar sus observaciones astronómicas. Más allá de todo esto los árabes no introdujeron nada nuevo en lo que a ideas cosmológicas se refiere; ni introdujeron conceptos teóricos importantes acerca del espacio universal, pero tuvieron el gran mérito de no haber dejado morir del todo la sabiduría que nos legó la civilización griega de la antigüedad. Es a través de los árabes que en el medioevo tardío (siglos XI, XII y XIII) empiezan a entrar en Europa algunas obras importantes de la antigüedad, posiblemente traídas desde zonas de España ocupadas por los moros (nombre que daban los españoles a los árabes). Esto quizás explique los vastos conocimientos astronómicos y sobre la obra de Tolomeo que tenía el rey de León y Castilla Alfonso X (conocido como "El Sabio") el cual vivió en el siglo XIII. Fue precisamente en este siglo que se desarrolla la obra primordial de Santo Tomás de Aquino, caracterizada por la recuperación de partes del pensamiento aristotélico para ser utilizado como base filosófica del cristianismo de aquella época. Sin embargo al interpretar la filosofía aristotélica, Santo Tomás y los clérigos que lo seguían eliminaban las mejores y más revolucionarias ideas científicas de esta filosofía y recalcaban solo aquellas que eran más coincidentes con las interpretaciones que de las Sagradas Escrituras hacía el clero de entonces. Esta leve revitalización de la cultura helenística comenzaba a empedrar el camino para el surgimiento de la llamada era del Renacimiento que no fue más que un resurgimiento de la cultura greco-latina. Se acercaba una época de despertar para una Europa sumida en el más profundo oscurantismo por espacio de varios siglos. Gracias en gran medida al Oriente y al Islam, Europa comenzaba ahora a tratar de recuperar todos esos años perdidos desangrándose en luchas intestinas y contra los llamados infieles. Necesitaba ahora esta Europa, avasallada por la ignorancia y los dogmas, hombres de mente clara y corazón noble y valiente que impulsaran nuevas ideas científicas que retomaran la vieja pasión por la sabiduría y por la necesidad de crear nuevos sistemas explicativos del Universo.

2.   *Heliocentrismo*   *contra* *Geocentrismo*

A mediados del siglo XV comienza el mundo a desperezarse del largo letargo medieval. En 1452 nace Leonardo Da Vinci (1452-1519) uno de los principales exponentes del renacentismo. Leonardo despliega un gran ingenio y una audacia artística y tecnológica que le permite iniciar un nuevo movimiento tanto en las artes plásticas como en las ciencias desarrollando imaginativos proyectos y rompiendo esquemas en ambas ramas de la cultura. Pudiéramos mencionar a otros grandes exponentes del Renacimiento pero preferimos pasar inmediatamente a hablar de quien fuera el más conocido astrónomo de esa época, nos referimos al canónico polaco Nicolás Copérnico (1473-1543). Este genio audaz desarrolló una gran obra que culminó con la publicación en 1543 (días antes de morir su autor) de su libro *De Revolutionibus Orbium Coelestium* (Revoluciones de las órbitas Celestes). Esta obra de Copérnico presentaba un sistema del Universo alternativo al de Claudio Tolomeo y situaba al Sol en el centro de nuestro sistema planetario. Con la publicación de esta obra se inicia una etapa de fuertes luchas en el plano intelectual entre los defensores del sistema copernicano (sistema heliocéntrico) y los del sistema tolemaico (sistema geocéntrico). De parte del sistema geocéntrico se encontraba la máxima dirección de la iglesia católica y del lado del sistema heliocéntrico se encontraba una nueva hornada de revolucionarios hombres de ciencias entre los que se hallaba el italiano Giordano Bruno (1548-1600) condenado a morir en la hoguera por la Santa Inquisición por sus ideas en pro del sistema de Copérnico. Estos astrónomos de nuevo tipo defendían su derecho a ver y estudiar el Universo desde un nuevo sistema de referencia que garantizara una mayor sencillez a la hora de describir el movimiento de los planetas.

Fue muy importante para la formación de las ideas que proponía Copérnico sobre la redondez de la Tierra y su movimiento alrededor del Sol el hecho de que hubiera nacido en la época de los grandes descubrimientos geográficos. Fueron estos los tiempos gloriosos en que Bartolomé Díaz descubre el punto más meridional de África, el Cabo de Buena Esperanza, en 1486. Años después, en 1497, Vasco de Gama logra navegar alrededor de este cabo. En 1492 el gran marino genovés Cristóbal Colón hace un notable aporte a la idea de la esfericidad de la Tierra cuando navegando siempre hacia occidente descubre nuevas tierras donde se suponía hubiesen abismos y despeñaderos. También en esta época el famoso navegante portugués Fernando de Magallanes (1480-1521) da el toque final a la concepción de la esfericidad de nuestro planeta al iniciar en 1519 un viaje de circunnavegación terrestre el cual fue culminado por el marino español Juan Sebastián Elcano debido a la muerte de su iniciador. De esta manera la escena queda preparada para el descubrimiento de Copérnico.

Volviendo a la disputa científica y filosófica entre los defensores de ambos sistemas planetarios (el heliocéntrico y el geocéntrico) diremos que por lo precario de los conocimientos que se tenían en aquellos tiempos acerca de la Mecánica como ciencia física esta porfía se mantuvo por mucho tiempo en el plano cinemático, esto es, teniendo solo en cuenta el movimiento de los planetas sin considerar la causa que lo producía. Esto hacía que el problema se planteara como que ambos sistemas eran dos puntos de vista diferentes de un mismo fenómeno y que ninguno de los dos sistemas era superior al otro. La pregunta en aquel entonces hubiese podido ser la siguiente: ¿qué ofrece cada sistema a cambio, si es utilizado? La respuesta podría ser la siguiente: Tolomeo ofrecía un complicado sistema de planetas en el que, como ya sabemos, cada uno de ellos se desplaza en un círculo cuyo centro se mueve en una órbita circular alrededor de la Tierra. Esto, en resumen, se traduce en que cada planeta describe en su movimiento un epiciclo, que es una curva extremadamente complicada desde el punto de vista matemático. Por lo anterior este sistema era considerado por los astrónomos de muy difícil manejo práctico a pesar de que reproducía los movimientos observados de los planetas con razonable exactitud.

El ofrecimiento de Copérnico era mucho más tentador para los astrónomos pues proponía para los planetas, incluida la Tierra, un sistema de órbitas circulares alrededor del Sol. Por ser el círculo una curva mucho más sencilla desde el punto de vista matemático que un epiciclo éste era un sistema de fácil manejo práctico para los astrónomos a la hora de calcular la trayectoria de los planetas en la órbita celeste. En honor a la verdad, a pesar de su sencillez, el sistema de Copérnico no aventajaba demasiado al de Tolomeo en el cálculo de las órbitas de los planetas. Incluso hoy en día no faltan astrónomos renombrados que aseguran que los resultados obtenidos por el sistema tolemaico siguen siendo más seguros.

Como hemos visto, en los años finales del siglo XV no existían razones de peso para considerar a un sistema superior al otro, al menos en la exactitud de los resultados.

Para hacer un análisis más poderoso acerca de la superioridad de cada sistema era necesario ir más allá de las puras razones de carácter cinemático que se venían esgrimiendo hasta ese momento. El próximo paso en esta porfía debía estar centrado en el basamento dinámico que tenía cada modelo. El clero de aquella época, en su mayoría, apoyaba el modelo de Tolomeo por la simple razón de que este estaba basado en la dinámica aristotélica que planteaba que la Tierra debía ser el centro de nuestro Universo puesto que todos los cuerpos son atraídos hacia su centro. Evidentemente esto era una verdad a medias pues la propiedad de atraer a los cuerpos hacia su centro no es exclusiva de la Tierra sino de todos los cuerpos celestes. El problema fundamental consistía en que la física aristotélica planteaba que la dinámica que regía a los fenómenos terrestres era completamente diferente de la dinámica que regía al movimiento de los planetas y el Sol lo que convertía a la Tierra en un lugar especial. El modelo copernicano no ajustaba en este modelo dinámico aristotélico (que era el único modelo dinámico conocido en aquellos tiempos) y eso lo descalificaba desde el punto de vista teórico. Copérnico no poseía una justificación dinámica para su sistema y trataba de justificarlo con las siguientes palabras (y citamos lo escrito por Copérnico en su libro *Acerca de las Revoluciones de la Órbita Celeste):* "...y aunque el situar a la Tierra en el centro de nuestro sistema me pareció una opinión absurda, sin embargo, sabiendo que aquellos que me antecedieron tuvieron la libertad de admitir círculos cualesquiera, elegidos con el único fin de justificar las observaciones relativas a los cuerpos celestes, consideré que también por mi parte era justificable admitir con el mismo fin que la Tierra se movía. Así no sólo el comportamiento aparente de los planetas resultaría del que la Tierra posee, sino que el sistema conecta de tal modo los órdenes y tamaños de los planetas y sus órbitas, y de todos los astros, que nada puede alterarse sin confusión de todo el Universo. Por esta razón, por tanto he seguido este sistema".

Sin lugar a dudas se nota en la idea copernicana cierto atisbo de un orden dinámico universal para llegar al cual todavía había que esperar alrededor de cien años a que se desbrozara el camino y el mundo diera a luz al sin par genio de Isaac Newton. Mientras tanto Copérnico tenía que contentarse con dar justificaciones que no aludían a pruebas concluyentes, como cuando decía: "En medio de todos, el Sol reposa inmóvil. ¿Quién, ciertamente, en este hermoso templo colocaría el foco de luz en un lugar distinto a aquel desde donde puede iluminar todo el espacio?".

Claro está, a pesar de la cita anterior, no podemos pensar que las hipótesis del sistema de Copérnico eran puras invenciones. Copérnico había realizado multitud de observaciones que cada vez lo fueron llevando más cerca de sus ideas finales. En Italia había efectuado observaciones que le hicieron dudar de la veracidad de la teoría de Tolomeo. Conociendo en detalles la descripción del movimiento de la Luna con ayuda de los referentes epiciclos de Tolomeo, Copérnico supo que durante las llamadas cuadraturas (exactamente en el primero y el último cuadrante) la Luna, en correspondencia con la teoría de Tolomeo, debe encontrarse dos veces más cerca de la Tierra que durante la luna nueva y la luna llena. Evidentemente al estar dos veces más cerca la Luna debe parecer por sus dimensiones dos veces más grande. Efectuando mediciones del disco lunar se convenció de que la distancia entre la Tierra y la Luna desde el cuarto creciente a la luna llena no solo no se duplica sino que permanece prácticamente igual. Esta genial observación de Copérnico lo inclina definitivamente hacia el lado de un sistema heliocéntrico. Por suerte para él, Copérnico no se apuró en publicar sus resultados y solo mostró en 1515 un breve trabajo el cual no fue publicado y sólo pasó por las manos de sus más allegados. Solo a mucho ruego y a través de las gestiones realizadas por el joven profesor de matemáticas de la Universidad de Wittemberg, George Joachim von Laugen, se publica su obra cumbre *De Revolutionibus Mundus*. Esta obra publicada bajo la supervisión del teólogo protestante Andreas Hosemaun, conocido por Oriander, salió a la luz unos pocos días antes de que su insigne autor falleciera.

Nicolás Copérnico (1473-1543)

A diferencia de otros grandes Copérnico fue más vituperado y desacreditado después de su muerte que en vida. Uno de los que más duramente lo criticó, por supuesto con argumentos sumamente dogmáticos, fue Martín Lutero, el cual junto a su más cercano colaborador, Felipe Melanchthon, no escatimaron insultos al comentar la obra de Copérnico.

Con Copérnico la disputa, desde un punto de vista cinemático, estaba iniciada, quedaba, pues, a los genios venideros de Galileo, Kepler y sobre todo Newton decidir esta disputa con irrefutables razones de carácter dinámico a favor del naciente heliocentrismo de Copérnico.

A modo de conclusión de la obra de Copérnico podemos decir que las ideas de su sistema se pueden resumir de la siguiente forma:

1. Los movimientos celestes son uniformes, eternos y circulares.

2. El centro del universo se encuentra en el Sol.

3. Las estrellas son objetos distantes que permanecen fijos y por tanto no orbitan alrededor del Sol.

4. La Tierra tiene tres movimientos: rotación diaria alrededor de su eje, la revolución anual alrededor del Sol y la precesión debido a la inclinación de su eje.

5. El movimiento retrogrado de los planetas visto desde la Tierra se puede explicar debido al movimiento de esta.

6. La distancia de la Tierra al Sol es pequeña comparada con la distancia a las estrellas.

3. *Eppur si muove*

Con la frase en italiano que da título a este apartado cuenta la leyenda que Galileo Galilei se despidió de la sala donde fue obligado a hacer una humillante abjuración de las ideas por las cuales había vivido y luchado durante toda su existencia. Los historiadores consideran hoy muy poco probable que el insigne florentino hubiese podido decir aquellas palabras sin haber sido condenado de inmediato a la hoguera, pero de lo que sí podemos estar seguros es que si bien el anciano científico no hubiese abierto su boca para pronunciar esas palabras, en lo más profundo de su alma y de su corazón existía la certeza de que, a pesar de todo "se mueve". La sabiduría popular se equivoca muy pocas veces y si esta leyenda corrió de boca en boca fue porque todos los que se encontraban en el lugar de abjuración, y en silencio admiraban al ilustre italiano, alcanzaron a ver que quizás no su boca pero sí todo su cuerpo en cada gesto y a cada paso gritaba a todas voces a la curia papal de Roma: "¡Pero se mueve!".

A pesar de este denigrante pasaje en la vida de Galileo se puede decir que, al menos, tuvo la suerte de conservar la vida para en sus postreros días de prisión domiciliaria regalarnos una de las obras más bellas e importantes de las ciencias y de la literatura italiana, sus: *"Discorsi e demostrazioni matematiche intorno a due nuove scienze"* (Discurso y demostraciones matemáticas en torno a dos nuevas ciencias). Otros no corrieron su misma suerte y les tocó sufrir los más terribles tormentos de la inquisición e incluso al final encontrar la muerte en la hoguera. Tal fue el caso de otro italiano, Giordano Bruno (1548-1600).

Se puede decir que Bruno fue uno de los más firmes puentes tendidos entre Copérnico y Galileo, y a la vez uno de los más enconados defensores de las ideas heliocéntricas. Quizás la vida de Bruno y su empecinamiento en la defensa de las ideas copernicanas y las suyas propias le haya servido a Galileo de ejemplo para no enfrentar a pecho descubierto a los inquisidores sin abandonar la lucha encubierta que mantuvo hasta ver publicadas sus últimas obras.

El martirologio de Bruno es uno de los casos más conmovedores de la historia de la humanidad. Después de ayudar a propagar las ideas de Copérnico por toda Europa y de establecer una serie de novedosas ideas acerca de la multiplicidad de mundos habitados en el Universo, Bruno se vio acosado y perseguido por la Santa Inquisición. Esta nefasta institución no podía permitir el ser puesta en ridículo en cada una de las conferencias de Bruno en las universidades de Ginebra, Tolosa, París y otras de relevante importancia que hasta ese momento habían constituido bastiones inexpugnables del clero geocentrista. Bruno fue tan fiel a sus ideas que cuando al fin fue capturado por la Inquisición soportó más de ocho años de terribles torturas y arrostró la muerte en la hoguera sin doblar ni una vez las rodillas a la abjuración. Sin dudas que este ilustre compatriota de Galileo dio un ejemplo de abnegación sin límites a todos los científicos que después de él continuaron luchando por hallarle un espacio a la verdad. Cuando encaró con valentía a los inquisidores que con mano temblorosa se acercaron a encender la pira nos estaba demostrando que contra los dogmas no se puede luchar a cara descubierta porque los dogmáticos no entienden de honor.

Pero, volvamos a Galileo. El genio florentino fue un genuino heredero de la inteligencia, la valentía y el humor que desplegaba Bruno en cada uno de sus razonamientos los cuales ponían en ridículo a los teólogos de su época. Es por eso que el Papa Urbano III, el inicialmente amigo de Galileo cardenal Maffeo Vicente Barberini, se convierte en uno de sus más fieros perseguidores, pues en la famosa obra de Galileo: *Diálogos sobre los principales sistemas del mundo*, este sujeto encuentra que su propio argumento favorito contra el heliocentrismo ha sido puesto en boca de Simplicio, el necio interlocutor aristotélico.

Pasemos a la prolífera obra de Galileo en materia de astronomía, mecánica y filosofía. Cuando hablábamos de Copérnico vimos cómo los argumentos fundamentales de éste en su obra eran más bien de orden cinemático (aludían solo a la forma del movimiento y no a la causa que lo produce) y por eso no podía esgrimir aún una prueba contundente de carácter dinámico que colocara a su nuevo sistema del mundo en la cima de la astronomía. Lo anterior se debió a que en la época del renacimiento, a pesar de los ingentes esfuerzos de Leonardo Da Vinci, Girolamo Cardano y otros, la mecánica como ciencia no había avanzado mucho más allá de la estática aplicada a los sistemas de equilibrio en las construcciones. La cinemática y la dinámica, a pesar de que algunos esbozos de ellas se encontraban ya en las obras de los clásicos (Aristóteles, Arquímedes y otros), no pasaban de ser puras especulaciones más que ciencia, con dogmas tales como que "Los cuerpos más pesados caen con más rapidez sobre la tierra que los menos pesados" y que "El estado natural de los cuerpos era el reposo" (ambos impuestos por Aristóteles). De esta manera la escena quedaba preparada para que los aportes de Galileo iniciaran una necesaria revolución en los campos de la mecánica y la astronomía.

Galileo nació el 15 de febrero de 1564 en la ciudad italiana de Pisa, de padres florentinos. Su padre Vinchenzo Galiley era un hombre de gran cultura, versado en varias ramas del saber, entre ellas las matemáticas, las ciencias naturales y la música. A pesar de su pasión por las ciencias (se dice que era un hábil matemático) Vinchenzo no quería que su hijo Galileo siguiera esta inclinación suya pues la misma era muy mal remunerada y la familia ya en esa época estaba prácticamente arruinada. Así, su padre trató por todos los medios de guiar a su hijo hacia la carrera de medicina, profesión que podía dotarlo de un modo de vida. No obstante lo anterior el joven Galileo se sintió desde muy temprano atraído por las ciencias naturales y las matemáticas, a tal punto que estando estudiando la carrera de medicina en la Universidad de Pisa descubrió el isocronismo de las oscilaciones del péndulo y lo aplicó a un sencillo instrumento con el cual se podía medir con precisión el ritmo del pulso cardiaco y sus variaciones de un día para otro. Con este descubrimiento Galileo inicia lo que fue llamado por los médicos de aquella época la pulsología la cual fue de uso general por mucho tiempo. También usando este descubrimiento logró hacer años más tarde excelentes mediciones de tiempo en los múltiples experimentos de mecánica que realizó y sus largas observaciones de los períodos de los satélites de Júpiter.

A partir de aquí, el joven erudito se colocó en franco desacuerdo con las doctrinas aristotélicas que eran enseñadas en la Universidad de Pisa en las clases de filosofía. En dichas clases Galileo polemizaba con sus profesores y condiscípulos por lo que pronto decidió abandonar sus estudios de medicina, alrededor del año 1585.

Unos dos o tres años antes el genio de Galileo había tropezado de lleno con las matemáticas, pues a escondidas y detrás de las puertas, seguía con un libro de geometría en las manos las lecciones que su amigo el profesor Otilio Ricci les impartía a los pajes del Gran Duque de Toscana. A partir de entonces Ricci accedió a enseñarle matemáticas, astronomía y filosofía natural.

Los aportes de Galileo a lo que hoy podemos llamar ideas relativistas son prácticamente innumerables, empezando por todos los instrumentos que inventó y fabricó que le permitieron medir la marcha del tiempo con la precisión necesaria para sus experimentos. Con estos instrumentos, tales como el péndulo y la clepsidra (reloj de agua) el gran italiano pudo realizar magníficos experimentos de mecánica, tales como el de la caída libre de los cuerpos y movimientos de cuerpos sobre planos inclinados, que sirvieron de base a sus estudios sobre la cinemática y la dinámica. Es gracias a estos enormes esfuerzos en el campo experimental y a los aportes que hizo en lo que se refiere a la metodología científica — base de toda la ciencia moderna— que Galileo es considerado uno de los iniciadores de la nueva ciencia junto con William Gilbert (destacado médico y físico inglés famoso por sus estudios experimentales sobre la electricidad) y Francis Bacon (filósofo y canciller de Inglaterra). Se puede decir además que Galileo no solo usó el método científico en sus trabajos experimentales sino que también lo utilizó para elaborar sofisticados experimentos mentales que lo ayudaron a ir más allá de sus resultados prácticos y a elaborar teorías tales como la teoría de la caída libre de los cuerpos y su descubrimiento de la ley de la inercia que fueron logradas extrapolando resultados experimentales. Estos experimentos mentales de Galileo fueron precursores de las exploraciones mentales llevadas a cabo casi tres siglos después por Albert Einstein, tales como el experimento del elevador de cristal y del llamado tren relativista básicos en la elaboración de la teoría de la relatividad. En realidad, algunos de los experimentos a los que el gran toscano hace alusión en su obra son ensayos mentales, que nunca realizó su proponente, pese a lo cual este no vacila en utilizarlos en su argumentación si lo cree conveniente. Cuando Simplicio, el interlocutor aristotélico de uno de sus famosos Diálogos, pregunta si realmente se ha llevado a cabo un determinado experimento, obtiene esta respuesta: "No, y no necesito hacerlo, ya que sin experiencia puedo afirmar que es así, pues no puede ser de otra manera". Todo esto demuestra el enorme grado de dominio que tenía Galileo del método científico que él mismo inició y que quedó impreso en la física y en las ciencias naturales hasta nuestros días.

Fue Galileo quien puso la primera piedra del edificio de la Mecánica Clásica. Los estudios de Galileo sobre el movimiento de los cuerpos fueron tan vastos que se puede decir que incursionó en todas y cada una de las características del movimiento de los cuerpos. En su magnífica obra: *Diálogos sobre dos importantes sistemas del mundo* (1632) es donde aparece por primera vez uno de los principios que casi 300 años más tarde Einstein utiliza como uno de sus dos principios básicos en su teoría de la relatividad. En una de sus partes Galileo con un bellísimo lenguaje literario (Galileo es considerado un clásico de la literatura italiana) expone lo que se conoce como principio de la relatividad de Galileo (o principio clásico de la relatividad). Este principio en los textos actuales de Física

General se enuncia de la siguiente forma: "En un sistema de referencia que se mueve en línea recta y con velocidad constante todos los procesos mecánicos ocurren de la misma manera que en un sistema en reposo".

Fue también Galileo el que enunció por primera vez el principio de inercia o también conocido como "Primera ley de Newton". Él lo obtuvo a partir de su ingenioso experimento con un plano inclinado. Este genial hombre que en su tiempo no contaba con cronómetros exactos pudo, inteligentemente, valerse del plano inclinado para producir un movimiento bajo condiciones similares a la caída libre (movimiento de un cuerpo bajo la acción de la gravedad) pero bastante más lento, cosa esta que le permitió hacer importantes mediciones y sacar conclusiones fundamentales sobre los movimientos uniformemente acelerados. En su libro: *Discursos y demostraciones matemáticas en torno a dos nuevas ciencias* (1638) Galileo plantea lo siguiente: "Se han realizado algunas observaciones superficiales, tales como, por ejemplo, que el movimiento libre de un cuerpo pesado cualquiera que cae, es continuamente acelerado; pero todavía no se ha anunciado hasta qué punto tiene lugar esta aceleración; por lo que yo sé, nadie ha señalado todavía que las distancias recorridas, en intervalos iguales de tiempo, por un cuerpo que cae desde el reposo, están entre sí como los números impares, comenzando con la unidad". De la anterior afirmación se puede inferir la conocida fórmula de la cinemática del movimiento acelerado: $X = \frac{1}{2} g t^2$ donde X es la distancia recorrida por el cuerpo, t el intervalo de tiempo y g la aceleración con la que son atraídos los cuerpos hacia el centro de la Tierra. Con esta conclusión, Galileo acabó con el viejo dogma aristotélico de que los cuerpos más pesados caen con mayor aceleración sobre la Tierra.

Galileo Galilei (1564-1642)

"La conclusión a la que llegó Galileo es que en ausencia de aire, al no existir sustentación alguna, los cuerpos ligeros y con un área frontal plana, como puede ser una pluma de ave o una hoja de papel, caen hacia la Tierra con la misma aceleración que cuerpos más pesados y con formas aerodinámicas. En 1642, el científico irlandés Robert Boyle confirmó este resultado al dejar caer una bala de plomo y una pluma dentro de un recipiente de vidrio al cual se le extrajo el aire. Con este experimento, Boyle demostró que la única fuerza que reduce la velocidad de los cuerpos en su caída es la resistencia del aire. En 1971, la misión Apolo XV llegó a la Luna, que carece de atmósfera (aire). En esta ocasión el astronauta David Scott dejó caer desde la misma altura y al mismo tiempo un martillo y una pluma; para la satisfacción de los televidentes que presenciaban ese momento, ambos objetos alcanzaron el suelo lunar al mismo tiempo, con lo que exclamó: -¡Ven, Galileo tenía razón!-."

Existe la leyenda de que Galileo comprobó públicamente su afirmación dejando caer dos cuerpos iguales en forma pero de peso diferente desde lo alto de la torre de Pisa, observando todos los allí reunidos que ambos caían al mismo tiempo.

Cuando Galileo, en la noche del 6 al 7 de enero de 1610, dirigió el telescopio construido por él al cielo estrellado, buscaba algunas de las leyes más generales de la mecánica, que poseyeran vigencia en el espacio infinito. Lo que el propio Galileo no se imaginaba era que sus más importantes descubrimientos físicos los realizaría sin necesidad de usar su telescopio para mirar al espacio, en la propia Tierra y sin apenas utilizar aparatos científicos. Fue su increíble imaginación para extrapolar resultados obtenidos en determinadas ocasiones a otras, verdaderamente ideales y perfectas, el instrumento científico más perfecto que poseía este sin par italiano.

En lo que se refiere a sus descubrimientos astronómicos se puede decir que el principal de todos fue el de haber dotado a los astrónomos de un poderoso instrumento de investigación estelar, el telescopio. Aunque hoy día se sabe que no fue Galileo el primer inventor y constructor de un anteojo de larga vista, sí se sabe que fue el primero en dirigirlo hacia el cielo y darle una amplia utilización práctica en la astronomía. Con el telescopio, Galileo, además de ampliar los conocimientos que se tenían del universo, dio un importante impulso al concepto de infinitud del mismo.

Con el telescopio Galileo hizo descubrimientos fabulosos los cuales fueron dados a conocer en sus principales obras astronómicas: *Mensajero Sideral* (1610), *Historia y demostraciones en relación con las manchas solares y sus fenómenos* (1613) y *El Ensayador* (1623). Entre estos descubrimientos se encuentra la naturaleza desigual en el relieve de la superficie lunar, en la cual se pueden distinguir empinados picos y profundos valles y cráteres. Otros de estos descubrimientos fueron los cuatro satélites de Júpiter y los anillos de Saturno, aunque en este último el propio Galileo no pudo dar cuenta exacta de aquello que rodeaba al planeta y pensó que también, como en el caso de Júpiter, eran satélites. Pero realmente, los dos descubrimientos astronómicos más relevantes realizados por Galileo fueron el descubrimiento de las fases de Venus y de Mercurio (similares a las de la Luna) y las manchas solares.

En el primero de los últimos dos descubrimientos nombrados, Galileo encuentra, con su telescopio, que tanto Venus como Mercurio exhibían las mismas fases que la Luna, esto demostraba que estos planetas—al igual que la Luna gira alrededor de la Tierra— giran alrededor del Sol. El hecho de no haberse podido encontrar hasta ese momento las mencionadas fases de estos dos planetas era una de las más grandes objeciones a la teoría de Copérnico. En carta a su amigo Giuliano de Medici, asentado en Praga, Galileo anunció este gran descubrimiento de la siguiente forma: "...Venus rivaliza, por su apariencia, con la Luna, porque habiendo arribado a aquel punto de su órbita en que ella se encuentra entre la Tierra y el Sol y con solo una parte de su superficie iluminada vuelta hacia nosotros, el telescopio la muestra en forma creciente, semejante a la Luna cuando se halla en posición similar". Posteriormente Galileo siguió a Venus con su telescopio a través de la porción visible de su órbita y tuvo la satisfacción de ver que la parte iluminada asumía sucesivamente, en confirmación de su hipótesis, las formas crecientes. Confirmando lo manifestado en el *Mensajero Sideral* en cuanto a que la Tierra, como la Luna, resulta luminosa solo en aquellos puntos expuestos a los rayos solares, este cambio en la figura de Venus demostraba que este, y probablemente todos los otros planetas, no eran luminosos por sí mismos si no por reflexión de la luz solar. El Segundo de estos dos descubrimientos es, quizás, el más relevante de todos los descubrimientos astronómicos de Galileo. Al observar las manchas solares él llega a la conclusión de que las mismas se forman en la superficie del Sol. Por otro lado notó que la posición de estas manchas era siempre cambiante. Haciendo certeras mediciones obtuvo que estas manchas permanecen visibles durante cerca de medio mes y a menudo la misma mancha que desaparece de un lado reaparece en el otro. A partir de estas observaciones Galileo concluyó que el Sol es una esfera que gira sobre su propio eje de oeste a este y que efectúa dicha rotación aproximadamente en un mes lunar. Este importante descubrimiento de Galileo vino a superar con creces las hipótesis de Copérnico llegando así a la conclusión de que todos los cuerpos del sistema solar, incluyendo el Sol, se encuentran en movimiento, de forma que los planetas giran sobre sus propios ejes y alrededor del Sol, pero a su vez el Sol también gira sobre sí mismo.

Todos estos importantes descubrimientos de Galileo clavaron un puñal en el costado de la Santa Inquisición, quien sintiéndose mortalmente herida desató una tenaz persecución contra este insigne científico. Por fin después de varios años de ataques y búsqueda de pruebas para inculparlo, el 22 de junio de 1633 se dictó sentencia y Galileo fue obligado a formular su lamentable abjuración so pena de muerte. Debido a su avanzada edad (casi 70 años) la pena de cadena perpetua en las prisiones del Santo

Oficio le fue conmutada por la de destierro bajo vigilancia en la villa del Gran Duque de Toscana. Una semana más tarde se le permitió retirarse a Siena en donde debía permanecer bajo las órdenes del arzobispo Ascanio Piccolomini (ex-alumno suyo). El 1ro de diciembre de 1633 se le permitió a Galileo retirarse a su villa de Arcetri, cerca de Florencia donde debía permanecer vigilado. Ocho años después el 8 de enero de 1642, enfermo y apesadumbrado por aquella vil condena, muere Galileo Galilei, el hombre grande que rompió definitivamente con la ciencia del medioevo para crear una ciencia nueva libre de dogmas y prejuicios.

Hoy podemos asegurar que Galileo realmente fue el primer filósofo en merecer el calificativo de físico, pues fue él sin dudas quien fundó la Física como ciencia en toda la extensión de la palabra. Por otro lado fue él uno de los investigadores que más aportó a las ideas espacio-temporales relativistas lo cual se pone de manifiesto a través de toda su obra como consta en uno de sus pensamientos: "Al pensar en la materia o en la sustancia corporal entiendo que es limitada o posee una determinada figura, que es mayor o menor en relación con otra, que se encuentra en tal o cual lugar, en tal o cual tiempo, que se mueve o está en reposo…".

4. *La Mecánica Celeste Encuentra un Legislador*

A pesar de la gran acogida que tuvo la teoría heliocéntrica de Copérnico desde el momento en punto de su aparición y de los éxitos alcanzados por la astronomía en esa época por la aplicación de dicha teoría, todavía hubo algunos astrónomos importantes después de Copérnico que rechazaban sus ideas y seguían aferrados al geocentrismo tolemaico. Uno de estos famosos fue el gran astrónomo danés Tycho Brahe nacido en 1546. La simplicidad del sistema copernicano no fue suficiente para hacer que este fanático del cielo, que fue Brahe, dejara de creer que el sistema de Tolomeo era más seguro y que solo se necesitaba mejorarlo y actualizarlo en algunos aspectos a la luz de las observaciones a las que él mismo se dedicó por espacio de veinte años. Tycho fue un perfeccionista de las mediciones astronómicas logrando acumular una enorme cantidad de datos sobre las posiciones de los planetas mucho más exactos que los de Copérnico y todos los otros astrónomos tanto contemporáneos como antecesores suyos.

Tycho Brahe propuso un sistema geocéntrico modificado, el cual se dispuso a probar con sus extensas y magníficamente ejecutadas observaciones. Este sistema consistía en situar a la Tierra en el centro del universo con el Sol circulando alrededor de ella. La novedad de este sistema radicaba en que el resto de los planetas giraba alrededor del Sol (la Luna la consideraba girando alrededor de la Tierra). Para comprobar que su sistema era válido Tycho pasaba noches enteras realizando meticulosas mediciones de las posiciones de los planetas con respecto a las llamadas estrellas fijas. Para ello fabricó grandes sextantes y brújulas. De esta forma logró construir un mapa exacto y un catálogo de las posiciones de 777 estrellas fijas con tal precisión que sus observaciones aún son usadas por los astrónomos pues los errores cometidos por este formidable científico en sus mediciones son muy pequeños. Recordemos que todas estas observaciones fueron realizadas sin telescopio (fueron hechas antes que Galileo inventara el telescopio), cosa esta que agiganta la hazaña.

Mauerquadrant, ilustración del libro *Astronomiae Instauratae Mechanica*, Tycho Brahe, 1598.

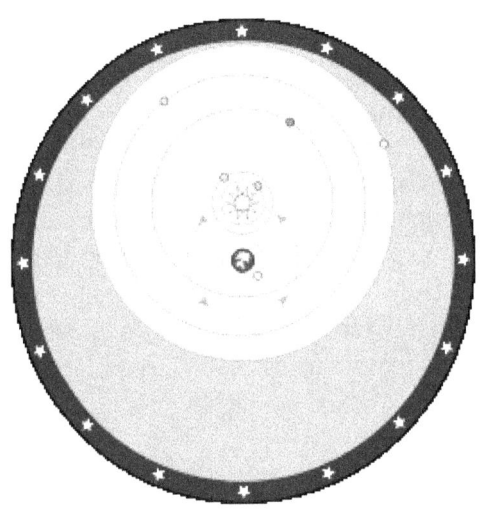

El Sistema Solar según Tycho Brahe.

Se puede decir que el sistema del Universo que presentó Tycho Brahe es una transición entre la teoría geocéntrica de Tolomeo y la heliocéntrica de Copérnico. Este gran astrónomo desarrolló su arduo trabajo en un observatorio que hizo construir para él, en la isla de Hueen, Federico II de Dinamarca. El volumen de información astronómica que logró acumular en esos veinte años de trabajo fue tan grande que ni él ni su fiel discípulo Longomontano estaban en condiciones de procesar matemáticamente los resultados y utilizarlos en comprobar su modelo. Pasó mucho tiempo buscando un ayudante lo suficientemente hábil en las matemáticas que se diera a la tarea de poner en orden todos aquellos datos de exactitud incomparable. Fue entonces que apareció en el año 1600 el ansiado colaborador, un estudiante alemán llamado Johannes Kepler. Pero, desafortunadamente, Kepler solo pudo trabajar con su maestro durante dieciocho meses, pues Tycho falleció en

1601 dejándole un preciado legado astronómico a Kepler y al mundo. Tycho Brahe no se imaginó nunca que fuese el último de los grandes astrónomos que abrazó el geocentrismo y mucho menos que sus valiosos datos astronómicos se convirtieran, en las manos de Kepler, en el arma más poderosa que tuvo este joven astrónomo para enunciar sus tres leyes básicas del movimiento planetario alrededor del Sol. Quien pretendió demostrar la validez del sistema tolemaico terminó ayudando a asestar uno de los golpes más demoledores que recibieran las ideas geocéntricas.

Existía una gran diferencia desde el punto de vista científico entre Kepler y Tycho. Este último poseía una tremenda habilidad práctica para construir equipos e instrumentos de medición, de ahí sus grandes éxitos como astrónomo práctico-experimental, pero sus habilidades para las matemáticas eran limitadas, por eso le prestaba poco interés a los cálculos y conclusiones teóricas. Sin embargo, Kepler era desmañado como experimentador y sentía una gran fascinación por las matemáticas—de hecho se dice que fue uno de los últimos pitagóricos—y las elaboraciones teóricas sobre la base de estas. Kepler era partidario de establecer la astronomía sobre la base de un número mínimo de leyes o postulados al estilo de lo que hizo Euclides en la geometría. Estaba convencido de que el Universo había sido creado de acuerdo con una armonía numérica, como pensaban los pitagóricos.

Kepler había nacido en 1571 en la ciudad alemana de Wurtemberg en el seno de una familia protestante. La familia de Kepler, aun siendo pobre, decidió hacer el sacrificio de enviarlo a estudiar, así el joven Johannes se graduó de teólogo protestante a los veintidós años. A través de toda su trayectoria como estudiante mostró su brillantez intelectual y a poco de graduarse se interesó sobre manera en la teoría de Copérnico, la que estudió ávidamente a escondidas de sus superiores. Inicialmente Kepler se dedica a la enseñanza de la astronomía y a la par que realiza esta labor escribe un libro astronómico titulado: *Precursor de Obras Cosmográficas*. En la citada obra Kepler estableció una conexión entre las seis órbitas de los seis planetas conocidos en ese entonces y los cinco sólidos geométricos regulares. A partir de esta construcción encontró que las relaciones entre los radios de los sólidos estaban en buena concordancia con los valores entonces conocidos de los radios de las órbitas planetarias. Cuando concluyó este trabajo Kepler escribió: "La alegría que siento por este descubrimiento es tan inmensa que no puede describirse en palabras, considero que no he perdido el tiempo; no estoy fatigado de mi trabajo; no he rehuido ningún esfuerzo de cálculo durante días y noches para comprobar si mi hipótesis concordaba con las órbitas de Copérnico o si mi alegría se desvanecía en el aire".

Este tipo de teoría era muy típica de la personalidad científica de Kepler. Mientras Brahe era capaz de pasar noches enteras durante años observando el cielo y anotando la posición de cada una de las estrellas y de los planetas, Kepler prefería pasar esas mismas noches con una pluma y un papel desarrollando fórmulas matemáticas y cálculos teóricos que lo llevaran a establecer una teoría armoniosa que concordara con las mediciones realizadas por Copérnico y por su maestro Brahe.

Cuando quedó en posesión de la herencia científica de Tycho Brahe se dedicó a poner en orden todos los datos recopilados por el gran astrónomo, con el objetivo de encontrar entre ellos una regularidad que lo llevara establecer las leyes básicas que consideraba gobernaban los movimientos de los cuerpos celestes. Él sabía que las leyes matemáticas eran más fáciles de manejar que las Tablas numéricas y que, además, no sólo eran capaces de explicar los fenómenos conocidos sino de predecir resultados de observaciones futuras.

Realmente no fue por la teoría que relacionaba las órbitas planetarias con los sólidos geométricos por la que Kepler se inmortalizó en las ciencias. Esta teoría pronto fue olvidada por falta de basamento práctico y hoy no tiene ningún tipo de aplicación. Sin embargo, él logró hacer justicia a su incansable labor cuando al estudiar a fondo los datos acumulados por Tycho acerca del movimiento de Marte se dio cuenta de que la consideración referente a que los planetas se movían en círculos concéntricos alrededor del Sol no concordaba con las muy precisas mediciones que había efectuado su maestro durante veinte años. ¿Qué pasaba entonces? Kepler tuvo que volver atrás y escudriñar cada anotación hecha por su predecesor en sus numerosas tablas hasta que dio con la primera de las tres regularidades que hoy se conocen como leyes de Kepler: "El radio-vector que enlaza el Sol con un planeta recorre áreas iguales en tiempos iguales". Esta se conoce actualmente como segunda ley de Kepler.

A partir de este descubrimiento Kepler abandonó la idea de trayectorias circulares y comenzó a considerarlas elípticas. Partiendo de esta rectificación fue que pudo obtener otro de sus importantes resultados el cual se conoce hoy como primera ley de Kepler: "Todo planeta se mueve en una órbita elíptica con el Sol en uno de sus focos".

Buscando la conexión entre el tamaño de la órbita de cada planeta y su período de revolución alrededor del Sol, después de muchos cálculos y comparaciones con las observaciones de Brahe, encontró que: "Para todos los planetas la relación entre el cubo del radio de la órbita y el cuadrado de su período es la misma". Esta ha sido denominada tercera ley de Kepler.

Al concluir esta maratónica labor Kepler escribió: "...Lo que hace dieciséis años era para mí una tarea urgente a realizar... aquello por lo cual colaboré con Tycho Brahe... por fin, fue descubierto y reconozco su verdad que ha superado mis mejores esperanzas... La suerte está echada, pero el libro está escrito para ser leído ahora o en la posteridad. No importa que mi libro tarde un siglo en encontrar un lector, también Dios esperó seis mil años en encontrar un observador".

Con sus leyes Kepler dio un vuelco total a la astronomía, pues dio el primer paso en convertirla en una ciencia exacta. Se puede decir que Kepler vistió a la astronomía con sus mejores galas de ciencia. Por primera vez la ciencia astronómica dejaba de ser sólo un enorme cúmulo de tablas, mapas celestes y enormes cálculos geométricos, para quedar establecida sobre un conjunto de tres leyes generales y simples, de sencilla manipulación para los astrónomos y que concordaban asombrosamente con los miles de mediciones realizadas durante siglos por los diferentes astrónomos de las distintas épocas.

Las leyes de Kepler son la culminación cinemática de los trabajos iniciados por Copérnico y Galileo. Son una de las pruebas más contundentes de que se podía dar de la veracidad del heliocentrismo copernicano. Pero todavía había que esperar unos años para dar la estocada final al geocentrismo. Mientras tanto podemos decir que la dedicación de Kepler a la astronomía constituye un ejemplo imperecedero de científico responsable y de renunciamiento sin límites a todo ánimo de lucro. Vivió una existencia rayana en la miseria y sufrió la pérdida de seres queridos que murieron por falta de recursos económicos, a veces no tenía dinero ni para comer, sin embargo jamás abandonó su empresa. Fue perseguido por la Santa Inquisición acusado de hereje junto a su madre y tenía que trasladarse de lugar constantemente para evadir las leyes del Santo Oficio. Pero a pesar de todo se mantuvo firme en su causa. Seguramente su agudísima intuición le decía que su trabajo era impostergable, que la ciencia y la humanidad no podían esperar por él ni un segundo más. Kepler murió en 1630, tan pobre materialmente como vivió pero con el tesoro espiritual que poseen los que saben que su obra no es de un día ni de un hombre sino de toda la vida y de la humanidad.

Junto a Galileo, Kepler representa una importantísima época en la física y la astronomía. Ambos fueron contemporáneos y tal parece como si la vida les hubiese asignado a cada uno una contribución importante dentro del mismo campo, pero sin que ambos genios de desgastaran en la misma tarea y pudieran cada uno, por su parte, aunar la zona del rompecabezas que le correspondía. Los dos pueden ser considerados como los creadores de la cinemática del movimiento, pero llegaron a ella por caminos diferentes. Galileo escogió caminar sobre nuestro planeta, analizando todo lo que sucedía al movimiento de los cuerpos sobre su superficie. Por su parte Kepler escogió escrutar el espacio cósmico buscando explicar la forma en que los planetas se mueven en él. Ambos comprendían la necesidad de buscar en la propia naturaleza del movimiento la razón de sus enigmas. Esto se puede ver en una carta enviada por Galileo a Kepler fechada el 19 de agosto de 1610 que dice: "Sonriamos, mi querido Kepler ante la gran estupidez de las gentes. Qué decir de los principales filósofos de la escuela de este lugar, quienes, con la terquedad del áspid, a pesar de la miles de veces que han sido invitados, no quieren siquiera mirar los planetas, ni la luna, ni incluso el propio telescopio. En realidad, los ojos de estos hombres están cerrados a la luz de la verdad. Esto es notable, pero no me asombra. Este género de hombres piensa que la filosofía es como un libro...y que la verdad hay que buscarla no en el mundo, no en la naturaleza, sino en el cotejo de los textos".

5. *Hypotesis Non Fingo*

El título de este apartado fue la máxima de Isaac Newton a través de toda su vida. Esta cita en latín quiere decir: "no invento hipótesis". En esta divisa se apoya prácticamente toda la obra de este incomparable genio de las ciencias físicas y matemáticas pues todas sus leyes de la mecánica, incluyendo la ley de gravitación universal, fueron obtenidas por él a través de desarrollos lógicos que partían siempre de la experiencia acumulada por la astronomía y la física hasta ese momento. Newton fue un artífice de la aplicación de los métodos de las matemáticas a la física, y es mediante este camino que elabora sus principales aportes. Incluso en ocasiones tuvo que detener su labor en la formulación de las leyes de la mecánica para dedicarse a desarrollar la herramienta matemática que necesitaba y que no había sido descubierta hasta ese momento. Fue así que descubrió el llamado por él "Cálculo de Fluxiones" que es lo que hoy conocemos como cálculo diferencial e integral. Por lo anterior se puede decir que Newton fue el prototipo de lo que hoy se llamaría un físico teórico. Sin embargo, por otro lado, dio muestras de gran habilidad experimental en sus trabajos sobre óptica, fundamentalmente en su experimento de descomposición de la luz en los siete colores de su espectro.

Con Isaac Newton se inicia una importantísima etapa en la ciencia mundial, pues fue el creador de la mecánica clásica, y a partir del éxito de esta, tanto en la astronomía como en su aplicación práctica en todos los campos de la ingeniería, pasó un buen tiempo para que los físicos dejaran de creer que todos los fenómenos de la naturaleza podían explicarse a través de las leyes de la mecánica newtoniana. Se puede decir que por espacio de casi trescientos años Newton estableció las reglas del juego en la física. Baste decir que muchos de sus sucesores se quejaban de que él había hecho prácticamente todo y no había dejado casi nada que hacer a los demás.

Es por todo lo anterior que estimamos necesario, a esta altura de nuestro relato, hacer un breve resumen del panorama de la naciente ciencia física al momento de la llegada de Newton al mundo.

Isaac Newton nació en Inglaterra en el poblado de Woolsthorpe en 1642, justo el año en que muere Galileo y casi cien años después del fallecimiento de Copérnico. Tal parece como si hubiese estado predestinado para recoger la herencia de estos dos grandes y llevarla adelante. En esta época la física y la astronomía habían llegado a alcanzar grandes logros en los trabajos de Galileo, Kepler, Borelli, Descartes, Gilbert, Huygens y otros. Ya para esta fecha Galileo había descubierto las leyes de la caída libre de los cuerpos y las leyes del movimiento de los cuerpos con aceleración constante. También había establecido la ley de inercia así como su importantísimo principio de relatividad, todo lo cual había dado lugar al surgimiento de la cinemática y la dinámica como las conocemos actualmente. Por su parte, Kepler había realizado un trabajo que competía con el de Galileo pero enfocado al movimiento de los planetas alrededor del Sol. Se puede decir que con Kepler se inicia la mecánica celeste como ciencia. Como veremos más adelante los trabajos de Galileo y de Kepler fueron decisivos en la labor de Newton.

Isaac Newton (1642 – 1727)

También por estos tiempos se había venido especulando acerca de la naturaleza de la fuerza de atracción que ejercía el Sol sobre los planetas, así como la de la Tierra sobre la Luna. En relación con esto René Descartes había ideado una hipótesis acerca de unos torbellinos con el objetivo de explicar mediante ella esta atracción. Kepler también, en cierta medida, se ocupó de esto. Las palabras de Kepler acerca de sus ideas tocante a la gravitación universal merecen ser citadas aquí por su importancia: "La gravedad es la tendencia recíproca a la unión entre dos cuerpos afines, la que es similar, por su naturaleza, a la propiedad magnética, siendo así que la Tierra atrae a una piedra con fuerza mayor que aquella con que una piedra atrae a la Tierra. Si se presume que la Tierra sea el centro del Universo, dondequiera que se halle y pueda ser llevada por sus propiedades inertes, los cuerpos pesados siempre se inclinarán hacia su centro. Si dos piedras fueran colocadas en un lugar cualquiera del Universo de modo que, estando cercanas entre sí, no resultaran sujetas a la influencia de un tercer cuerpo afín, ellas como dos agujas magnéticas se juntarán en un punto intermedio, luego de aproximarse a una distancia proporcionada a su masa. Así si la Tierra dejara de atraer hacia sí sus propias aguas, todas las de los mares se levantarían para correr hacia la Luna".

También existen pruebas de que la idea de la gravitación universal rondó la mente de Galileo. Él se dio cuenta de la analogía entre la fuerza que sostiene a la Luna en las proximidades de la Tierra e induce a los satélites de Júpiter a circular en torno a él, y aquella fuerza de atracción que la Tierra ejerce sobre los cuerpos sobre y cercanos a su superficie. Sin embargo, no logró concebir la combinación de fuerza central con la velocidad inicial y se inclinó a relacionar las revoluciones de los planetas con la rotación del Sol alrededor de su eje. Esta noción estaba más cercana a la teoría de Descartes sobre los vórtices que de la teoría newtoniana de la gravitación.

Por una anécdota contada por el famoso astrónomo Halley (1656-1742) amigo y discípulo de Newton, se sabe que también Cristopher Wren (1632-1723) y Robert Hook

(1635-1703) habían estado especulando acerca de si esta fuerza de atracción era dependiente del inverso del cuadrado de la distancia entre los cuerpos interactuantes o no. Fue, precisamente, a raíz de esta discusión entre estos dos citados hombres de ciencias, en la que se encontraba presente Halley, que este último decidió consultar a Newton, y cual no fue su sorpresa cuando el propio Isaac Newton le reveló que él ya había descubierto todo lo concerniente a la gravitación universal, desde su época de estudiante, hacía ya alrededor de veinte años. Newton le confesó a Halley que había hecho este descubrimiento pero que no se había atrevido a publicarlo (esto seguramente se debió a la excesiva timidez que siempre caracterizó a este gran genio). También le dijo que prácticamente al mismo tiempo había descubierto las leyes de la mecánica pero que todo eso estaba extraviado entre los tantos papeles que guardaba en algún lugar de su casa. A instancias de Halley, Newton buscó y encontró los importantes trabajos y cuando el primero los leyó se quedó perplejo ante la magnitud y precisión de aquel descubrimiento. Fue entonces que Halley pidió permiso a Newton para encargarse de la publicación de los trabajos del maestro, encargándose también de revisarlos y ponerlos en orden. De no ser por este incidente, quizás, esta colosal obra, que el azar quiso que saliera a la luz de esta forma, hubiese quedado inédita.

Hoy se conoce, por algunas anécdotas contadas por el propio Newton, cómo fue que él razonó para llegar a la ley de gravitación universal. Newton sabía que en su época aún no estaba claro si las leyes que gobernaban el movimiento de los cuerpos celestes podían ser aplicadas o no a los movimientos de los cuerpos terrestres, y fue prácticamente por esa problemática que comenzó su trabajo. Primero él admitió que las leyes del movimiento debían ser generales y aplicables a todos los cuerpos del universo de igual forma, por lo cual planteo que la naturaleza de la fuerza con que el Sol atraía a los planetas hacia sí debía ser de la misma naturaleza que la ejercida por la Tierra sobre la Luna para mantenerla en su órbita y, a su vez, la misma con que la Tierra atraía a los cuerpos cercanos a su superficie hacia su centro. Partiendo de la anterior hipótesis, de la tercera ley de Kepler y de la expresión obtenida por el holandés C. Huygens (1629-1695) y el italiano Borelli para la fuerza centrípeta, que explicaba el movimiento circular de los planetas con arreglo a sus velocidades y al inverso del cuadrado del radio de sus órbitas, Newton llega a su segunda ley del movimiento, por todos conocida, y de ahí a la ley de gravitación universal. Posteriormente, relacionó la fuerza de atracción de la Tierra sobre la Luna y la de la Tierra sobre un objeto situado sobre su superficie y así obtuvo un valor para la aceleración de la Luna en su órbita, la cual coincidió de manera muy aceptable con los valores de las mediciones realizadas por los astrónomos de la aceleración de la Luna hasta aquel momento. A partir de ahí Newton demuestra las otras dos leyes de Kepler, incluyendo, por supuesto, que la trayectoria de los planetas alrededor del Sol, y de la Luna alrededor de la Tierra, es elíptica, con el Sol en uno de sus focos.

Años más tarde Newton recordaba con relación a lo anterior: "El mismo año comencé a pensar en la atracción que se extiende hasta la órbita de la Luna y encontré el modo de valorar la fuerza con que una bola que gira en el interior de una esfera presiona sobre la superficie de esta última. De la regla de Kepler, según la cual los períodos de los planetas se encuentran en proporción de uno y medio respecto a la distancia de los centros de sus órbitas, he inferido que las fuerzas que sostienen a los planetas en sus órbitas han de estar en razón inversa a los cuadrados de sus distancias respecto a los centros en torno a los cuales giran. Por esto he comparado la fuerza necesaria para mantener a la Luna en su órbita con la fuerza de gravedad en la superficie de la Tierra y he visto que casi se correspondían entre sí".

Otro de los grandes logros de Newton en su famosa obra: *Principios matemáticos de la filosofía natural*, fue el haber expresado correctamente la tan buscada, por sus antecesores, relación entre la fuerza y la aceleración del movimiento a través de la masa de los cuerpos como representante de la inercia de estos. Por otro lado, Newton dio una expresión clara y un valor universal a la ley de inercia que ya había sido enunciada por Galileo. A pesar de que este último había enunciado este principio, él pensaba que el mismo se extendía también al movimiento circular delos planetas, considerando que los mismos se movían alrededor del Sol por inercia. Newton dejó bien claro que este principio solo se refería al movimiento rectilíneo con lo cual pudo aclarar que los planetas se mantienen en sus órbitas no por inercia sino debido a la fuerza centrípeta de atracción gravitatoria que ejerce el Sol sobre ellos.

Ya hemos hablado de dos leyes del movimiento de Newton y de su ley de gravitación universal, sin embargo, Newton enunció una tercera ley del movimiento que tuvo gran importancia gnoseológica en aquella época. Esta tercera ley del movimiento planteaba que las fuerzas de interacción entre dos cuerpos eran iguales y opuestas. Esta ley es de capital importancia pues asegura que todos los cuerpos se atraen unos a otros, o sea que no solo el Sol atrae a los planetas sino que también los planetas atraen al Sol con una fuerza igual a la que ejerce el Sol sobre ellos. Este enunciado, que encaja perfectamente en todo el desarrollo lógico de la mecánica de Newton, dejó bien claro para siempre que no existe ningún cuerpo en particular con una atracción sobre los demás única y preferencial. De este modo se desmitificó a la Tierra como cuerpo exclusivo y como centro privilegiado del Universo.

Como podemos ver de todo lo anterior Newton fue como una alborada para la ciencia de su tiempo. Fue con Newton que la mecánica terrestre y la celeste se fundieron para siempre en una sola, con leyes únicas y generales. En sencillos pero hermosos versos el poeta ruso Pope concretó lo que Isaac Newton significó para la humanidad cuando dijo: "La Naturaleza y sus leyes yacían ocultas en la noche, Dios dijo: ¡Hágase Newton! Y todo fue luz".

Después de Newton nadie fue capaz de dudar del sistema heliocéntrico copernicano, pues en los "Principios" se daba toda la sustentación dinámica necesaria que permitía considerar al sistema que ocupaba el Sol como centro y a los ejes coordenados dirigidos hacia las estrellas fijas como el sistema inercial en el cual se cumplen de forma natural las leyes de Newton. Se comprendió entonces que la Tierra como sistema para expresar el movimiento de los planetas no constituía un sistema inercial de referencia, por lo cual para que se cumplieran las leyes de Newton del movimiento era necesario tener en cuenta una serie de fuerzas de inercia que complicaban al sistema sobre manera, como ya se había comprobado al comparar la obra de Tolomeo con la de Copérnico.

En nuestros tiempos también se sabe que en su segunda ley del movimiento Newton dejó preparado el camino para la teoría especial de la relatividad al expresar la fuerza en función de la variación temporal de la cantidad de movimiento del cuerpo, incluyendo así no solo a la velocidad sino también a la masa como magnitud variable con el tiempo cosa esta que tiene lugar cuando la velocidad de los cuerpos es cercana a la velocidad de la luz, como ocurre en la teoría de la relatividad. Es poco probable que Newton haya podido prever el alcance futuro de este enunciado pero de todas formas no se puede negar que este fue uno de los grandes toques de genialidad que caracterizaron toda su obra.

Los "Principios" de Newton fueron publicados en 1687 veinte años después de que comenzara a pensar en la relación que podía existir entre la atracción de la Tierra sobre la Luna y de la Tierra sobre una manzana, como reza una muy contada historia. Esto demuestra la precocidad intelectual de Newton que con alrededor de veintidós años ya había llegado a una idea que transformó al mundo. Por otro lado, también se ve la responsabilidad científica de este grande de las ciencias, de no publicar un resultado de sus descubrimientos hasta no estar seguro de su veracidad y corrección. Se sabe que Newton abandonó en varias ocasiones en esos largos años la idea de publicar los resultados de sus estudios sobre la gravitación, pues sus cálculos no coincidían con las mediciones realizadas por los astrónomos hasta esa fecha. Fue solo cuando mediciones más exactas fueron realizadas que Newton llegó a la conclusión de que sus resultados eran correctos y accedió a su publicación.

A pesar de todos los grandes aportes realizados por este insigne científico a la ciencia mundial se puede decir que hubo algunos aspectos en los que él representó, en cierta medida, un retroceso en el pensamiento filosófico de su época. En aquel tiempo ya existían interesantes ideas sobre el espacio y el tiempo elaboradas por Aristóteles, Galileo y Descartes principalmente. En las obras de estos destacados filósofos se planteaba una clara identificación del espacio y el tiempo con la materia. Como vimos anteriormente, Aristóteles era tajante en este aspecto pues a partir de la estrecha unión que él concebía entre el movimiento y el espacio llegó a inferir la no existencia del espacio vacío. Por otro lado Galileo da muestras de un avanzado pensamiento dialéctico cuando enuncia de forma clara su principio de relatividad. En este principio él deja bien claro que no existe un sistema de referencia preferencial ni mucho menos absoluto. En tanto Descartes identificaba ampliamente a la materia con el espacio. Según Descartes el principio de impenetrabilidad, el cual plantea que dos cuerpos no pueden ocupar el mismo lugar en el espacio, no diferencia materia y espacio entre sí. Indica Descartes en una carta dirigida a More en 1649 que el espacio es indestructible y que no hay modo de que ocupen el mismo lugar dos partes del espacio. De ello se puede perfectamente concluir que el espacio, para Descartes era real y material. Descartes luchó constantemente contra la concepción del espacio como cierta vasija que se llena de objetos.

El pensamiento cartesiano en relación a la indisoluble unidad de la materia y el espacio alcanza su máxima expresión en las siguientes palabras del propio Descartes: "Por esto, si preguntas qué ocurrirá si Dios elimina el cuerpo contenido en el recipiente dado y no permite que ningún otro cuerpo penetre en el lugar abandonado, hay que responder: en este caso, las paredes del recipiente se unirán. Es un hecho que cuando entre dos cuerpos no se encuentra nada, estos dos cuerpos necesariamente se tocan, y sería evidentemente absurdo que los cuerpos estuvieran separados entre sí, es decir, que entre ellos hubiera, al parecer, distancia, y que esta distancia es, por tanto, un modo de extensión y no puede darse sin sustancia extensa."

A diferencia de las concepciones anteriores, Newton expresa en sus "Principios" que el espacio y el tiempo podían separarse de la materia. Según él un espacio absoluto conservaría sus propiedades absolutas precisamente porque existe independientemente de la materia. Para Newton los cuerpos materiales están en el espacio como en un determinado recipiente. El espacio newtoniano no es una forma de existencia de la materia, sino sólo un recipiente independiente de estos cuerpos y con una existencia autónoma. Razonando de esta misma manera él llegó, también a plantear la absolutidad del tiempo. Esta concepción cobró fuerza en la obra de Newton gracias a los éxitos que su teoría tuvo tanto en la resolución de los más variados problemas de la mecánica como de la astronomía, lo cual situaba en lugar privilegiado al sistema inercial de referencia establecido por Newton y en el cual se cumplen sus leyes. Era lógico que a la luz de los éxitos de estas leyes, que llegaron a considerarse por mucho tiempo infalibles ante cualquier problema de la Física, el sistema de referencia en el cual ellas se cumplían haya sido elevado a la categoría de espacio absoluto, con existencia propia e independiente de la materia en movimiento.

Desgraciadamente, esta concepción newtoniana caló hondo en el pensamiento filosófico de su época y de casi toda la física posterior, dando lugar a la proliferación de hipótesis tales como las del "Éter" considerado como sustancia universal y que por alrededor de doscientos años fue considerado como soporte de toda interacción. El "Éter" fue una barrera infranqueable que tuvo que derrumbar la física del siglo XX, muy en particular la teoría de la relatividad, para poder deshacerse del lastre del espacio absoluto establecido por Newton.

Así fue de perfecta la mecánica de Newton para su época, que llegó, incluso, a desvincularse e independizarse de las propias fuentes que la originaron. No obstante, lo anterior debemos decir que la obra de Newton es inconmensurable en toda su dimensión, de manera que no ha habido antes ni después una obra científica con tanta perfección y belleza lógica, ni con tanta aceptación en el mundo científico como ella. En la física, la astronomía, las distintas ingenierías, así como en otras tantas ciencias es y será imposible prescindir de la mecánica de Newton.

A pesar del carácter matemático abstracto de la exposición de los Principios de Newton, que lo acercaban más a los tratados de geometría de los antiguos griegos que a las obras filosóficas de su época, Newton no sólo distaba de ser un sabio escolástico aislado de la vida real, sino que se hallaba literalmente en el centro de los problemas e intereses físicos y técnicos de su tiempo. De esto da fe el hecho de que fue uno de los inventores del telescopio reflector, uno de los principales inventos de aquellos años, lo cual más tarde lo llevó a estudiar profundamente los fenómenos ópticos, muy en particular la aberración cromática que limitaba la visión de los telescopios conocidos en su tiempo.

La grandeza de Newton se hace más evidente cuando se conoce la excesiva modestia que colmó siempre su carácter como ciudadano y como científico. Lo anterior lo prueba la valoración que él mismo hizo de su obra poco tiempo antes de morir en 1727: "No sé qué opina de mí el mundo, pero yo me veo solo como un niño que juega a la orilla del mar, entretenido porque de cuando en cuando encuentra una piedrecita más colorida que dé común, o un caracol hermoso, al mismo tiempo que el grandioso océano de la verdad se extiende a mis pies, ignoto". Cuando en una oportunidad fue elogiado por su gran obra respondió: "Lo logré porque me apoyé sobre hombros de gigantes". Así era de humilde este grande de las ciencias.

Para finalizar este pequeño homenaje a Isaac Newton citemos las palabras del famoso matemático inglés del siglo XIX Whitehead en su libro *Ciencia y Civilización:* "Nuestra cultura debe su desarrollo al hecho de que precisamente en el mismo año de la muerte de Galileo, nació Newton. Pensad sólo en el aspecto que tendría la historia del desarrollo de la humanidad si estos dos hombres no hubieran nacido".

Capítulo III

Perfeccionamiento de la Mecánica Newtoniana en los siglos XVIII y XIX

1. Algunas hipótesis iniciales acerca de la gravitación

Aristóteles, uno de los primeros filósofos en estudiar el movimiento de los cuerpos, se vio en una disyuntiva que lo hizo separar a la "materia terrestre" de la "materia celeste" para poder salir adelante en su intento de explicar los fenómenos del universo. Inicialmente, este genial sabio griego descubrió un "principio" que hoy pudiera parecerle justo a muchos de nuestros contemporáneos, pero que por no ser producto de los hechos experimentales sino solamente debido a la simple observación, pronto lo situó en el dilema antes mencionado. Aristóteles había postulado—no sin cierto grado de razón— que para poder mantener un cuerpo en movimiento, aún a velocidad constante, era necesario ejercer constantemente una fuerza sobre el mismo. En realidad, en muchos casos la experiencia apoya este criterio, pero solo en muchos casos, no en todos, pues en otros tantos la experiencia lo contradice. Esta hipótesis aristotélica de que los cuerpos en ausencia de fuerzas exteriores deben permanecer en reposo e inmóviles nos ayudará a entender un gran número de tipos de movimiento observados, pero no puede explicarnos todos los movimientos que ocurren en la naturaleza. Por ejemplo, en la época de Aristóteles ya se sabía que los cuerpos caían sobre la tierra con velocidad creciente sin la aplicación de una fuerza exterior evidente. Los filósofos griegos anteriores a Aristóteles también sabían que el Sol, la Luna y los planetas se movían en el universo sin fuerzas aparentes que los impulsaran.

Para conservar la validez de su "principio" Aristóteles se vio obligado a enunciar otros dos postulados:

1ro.Los cuerpos caen hacia la tierra debido a que la tierra es el centro del universo.

2do.La materia celeste tiene propiedades diferentes a la materia terrestre. La materia celeste tiene la propiedad singular de suministrar por sí misma la fuerza necesaria para mantener los movimientos observados.

Hubo que esperar cerca de veinte siglos para que Copérnico demostrara con sus observaciones astronómicas que la tierra no era el centro del universo. Un siglo más tarde, en una genial generalización de la experiencia, Galileo enunciaba su famosa ley de inercia la cual planteaba la tesis contraria al principio aristotélico. Según Galileo "Cualquier velocidad una vez impartida a un cuerpo, se mantendrá constante, en tanto no existan causas de aceleración o retardamiento, fenómeno que solo se observa en planos horizontales donde la fuerza de fricción se haya reducido a un mínimo casi nulo". El principio de inercia, a diferencia de lo que planteaba Aristóteles, dice que el estado natural de un cuerpo sobre el que no actúa fuerza alguna es el reposo o el movimiento rectilíneo uniforme.

A pesar de que este principio de inercia era capaz de poner al descubierto la verdadera causa del movimiento tanto uniforme como acelerado, no lograba todavía establecer un vínculo directo entre la "materia celeste" y la "materia terrestre". Fue Newton el que con su ley de gravitación universal estableció claramente la identidad de comportamiento de toda la materia, al menos en lo que se refiere a las leyes del movimiento. Newton dejó bien claro en su obra que tanto la llamada materia celeste como la terrestre cumplían perfectamente con la ley de atracción universal y gracias a esto logró unificar en un solo cuerpo teórico la mecánica terrestre (fundamentalmente iniciada por Galileo) y la mecánica celeste (cuyo legislador principal había sido Kepler).

Pero con esta nueva ley así como con las otras tres leyes de Newton del movimiento se abrieron nuevas incógnitas para los físicos de la época posterior a Newton. En los círculos científicos de esa época se empezaron a manejar las siguientes preguntas: ¿Qué es la materia?, ¿Qué es la masa de los cuerpos?, ¿Cómo es posible que a través del vacío universal se pueda transmitir la fuerza de atracción gravitatoria entre cuerpos celestes?, ¿Es esta interacción instantánea o no? Estas interrogantes desataron una feroz polémica científica la cual, en algunos de los casos, subsiste hoy.

Sin lugar a dudas las categorías "materia", "masa" y "fuerza" no quedaban claras en la obra de Newton. Por otro lado, el propio Newton se había dedicado solo, en su teoría de la gravitación a describir las características de esta fuerza, o más bien, su relación con la distancia que separaba a los cuerpos interactuantes y con la masa de los mismos. Pero no hizo ningún tipo de hipótesis acerca de la naturaleza de la misma, lo cual evidentemente, dejaba planteada la polémica.

Con anterioridad a Newton ya existían algunos intentos de explicar la gravitación. Como hemos dicho, Galileo trató de establecer una hipótesis sobre la fuerza de atracción entre los astros. También Descartes, que gustaba de formular hipótesis acerca de la materia enunció la hipótesis de los torbellinos. Con esta hipótesis el trata de trazar la historia del universo. Descartes, para explicar la fuerza de atracción entre los planetas y el Sol, así como la formación misma de todos estos cuerpos celestes, planteó la idea de que cualquiera que sea el estado primario del mundo, surgen en la materia movimientos en torbellino y que cerca del centro de rotación de estos tienden a reunirse partículas homogéneas y en el centro mismo del torbellino se reúnen las partículas del elemento fuego. De lo anterior Descartes trataba de explicar la formación del Sol y de las estrellas fijas cuya brillantez, según él, era debida a este elemento ígneo presente en su mismo centro. La historia de la formación de la Tierra es también explicada mediante este modelo.

En su modelo de los torbellinos Descartes establece también algunas hipótesis arbitrarias acerca de la relación de la fuerza de gravitación con la distancia, y mediante ellas llega a la conclusión errónea de que esta fuerza desaparece a gran distancia. Este modelo fue desechado más tarde incluso por los propios seguidores del cartesianismo los cuales se percataron de que el mismo poseía gran importancia filosófica pero no explicaba con exactitud los problemas más elementales del movimiento planetario alrededor del Sol. La importancia filosófica de este modelo es que el mismo parte de una base atomista mediante la cual se negaba, de cierta forma, la teoría de acción a distancia, sustituyéndola por una concepción de interacción a través de las partículas que conforman la materia. Veamos lo que decía el propio Descartes respecto a lo anterior: "Para comprenderlo— se refiere al fenómeno de atracción gravitatoria (N. del A.)— hace falta admitir no sólo que cada una de las partículas materiales tiene alma y que viven en cada particular incluso un enorme número de almas distintas sin que se estorben entre sí, sino, además, que estas almas de las partículas materiales están dotadas de conciencia y son auténticamente divinas, pues sin mensajero alguno pueden saber lo que ocurre en los lugares más apartados y ejercer en ellos su influencia".

Continuando el ideal cartesiano, el destacado matemático y físico holandés Christian Huygens (1629-1695) enfrenta el problema de la gravedad en su trabajo "Razonamientos sobre la causa de la gravedad" usando también el modelo de los torbellinos de fluido celeste pero con un criterio más cuantitativo que su predecesor. Huygens introduce la hipótesis de que estos torbellinos hacen dirigir la fuerza de gravedad no exactamente hacia el centro de la Tierra sino hacia su eje de rotación. Esta nueva hipótesis de Huygens concuerda bastante bien con las últimas observaciones acerca de la gravedad realizadas en aquellos años. Con esta hipótesis Huygens deja a un lado el criterio cartesiano de que la gravedad es producida por la fuerza centrífuga de los torbellinos que giran en torno al centro de la Tierra, por torbellinos de carácter cilíndrico alrededor del eje de la misma. De esta forma trata de demostrar que estos torbellinos debían ser más rápidos que como los había supuesto Descartes. Por último Huygens presupone que la gravedad debía ser inversamente proporcional a la densidad másica de los cuerpos, y de aquí llega a la conclusión de que los cuerpos que tienen mayor densidad se dirigen a la periferia del torbellino. Con esto Huygens trata de explicar por qué los planetas conocidos en aquella época estaban distribuidos de modo que los más grandes y pesados eran los más alejados del Sol. Al descubrirse posteriormente Urano, Neptuno y Plutón esta hipótesis dejó de tener sentido. A pesar de las inconsistencias manifiestas que había en estos modelos cinéticos se puede inferir que hubo en ellos un logro importante al considerar la fuerza centrífuga como causa de la gravitación ya que, como el propio Huygens pudo obtener de su modelo, esta fuerza depende del inverso del cuadrado de la distancia. De esto último queda claro que ya en la época en que Newton desarrolla la idea de una fuerza de atracción gravitatoria inversamente proporcional al cuadrado de la distancia entre los cuerpos interactuantes, esta se encontraba dentro del sistema mundial de conocimientos, pero no había aparecido todavía una teoría coherente y cierta que demostrara esa dependencia cosa que solo hizo Newton.

Teorías de este tipo en las que se trataba de explicar la atracción gravitatoria a través de modelos cinéticos continuaron apareciendo a lo largo de los siglos XVII, XVIII, y XIX. Incluso este tipo de teoría no ha sido abandonada del todo y aún en nuestros días aparecen trabajos en revistas científicas de cierta seriedad donde se proponen determinados modelos de carácter cinético con el objetivo de explicar la naturaleza de la fuerza de gravedad de una manera sencilla, pero todas sin éxito.

A pesar de su famosa frase "No hago hipótesis" Newton en determinada etapa de su vida también recurrió a la seductora idea de explicar la naturaleza de la gravitación por medio de una de estas hipótesis de carácter atomista. Unos años antes de publicar sus "Principios" el propio Newton trató de elaborar un modelo que explicara la naturaleza de la fuerza de gravedad y que además estuviera de acuerdo con los resultados que ya había obtenido desde su etapa de estudiante. Esta hipótesis de Newton estaba basada en la postulación de la existencia del éter como medio en el cual se encuentran inmersos todos los cuerpos del universo. En esta hipótesis Newton planteaba que el éter se condensa constantemente en la superficie terrestre, después se evapora, elevándose para volver a caer arrastrando consigo a los cuerpos pesados. Para Newton el éter constituía una sustancia formada por la mezcla de distintos "gases etéreos". Toda esta hipótesis fue expuesta por él en su artículo "De una hipótesis que explica las propiedades de la luz". Más tarde, cuando publicó sus "Principios", Newton volvió a ser consecuente con su máxima de no formular hipótesis y presentó toda su teoría de la gravitación sobre la base de un desarrollo lógico-matemático a partir del cual lograba explicar todo lo concerniente a la interacción gravitatoria pero sin postular nada acerca de la naturaleza de esta fuerza.

Como diría B.G. Kuznietsov en su artículo "Los Principios Fundamentales de la Física de Newton": "Con Newton, la ciencia emprendió el camino del estudio fenomenológico de los conceptos dejando para el futuro la elaboración de modelos cinéticos que explicaran los hechos observados, medidos e interpretados matemáticamente.

Podríamos preguntarnos ¿por qué Newton se abstuvo de formular hipótesis acerca de la naturaleza de la gravitación? Nos inclinamos a pensar que ya por esta época Newton había llegado a la conclusión de que ninguna de las hipótesis que se podrían formular, al menos en su tiempo, se ajustaba a los requerimientos rigurosamente cuantitativos que su espíritu científico exigía. En defensa de la suposición anterior podemos decir que ni antes ni después de Newton se han podido materializar los intentos de construir modelos cósmicos del éter que explicaran la atracción. Al parecer Newton intuyó esto. Como veremos más adelante en este libro sólo **la teoría general de la**

relatividad ha logrado establecer un modelo coherente que supere la teoría de la gravitación de Newton.

Sin embargo estas dos líneas de análisis de los fenómenos físicos a las cuales pudiéramos llamar escuela cartesiana y escuela newtoniana se desarrollaron paralelamente dando origen a lo que hoy se conoce como física teórica o física-matemática (escuela newtoniana) y física experimental (escuela cartesiana). De la escuela newtoniana surge una forma de entender la interacción entre los cuerpos que con los años ha sido llamada teoría del campo. De la escuela cartesiana surge lo que se conoce hoy como modelo cinético de la sustancia.

En los últimos cien años con los logros obtenidos por la teoría de la relatividad y la física cuántica, la teoría del campo ha tenido un gran auge, sobre todo en lo que se refiere a la llamada teoría del campo unificado propuesta por Einstein en los últimos años de su vida y corroborada por los resultados obtenidos a partir de finales de la década de los setentas cuando empiezan a producirse resultados que llevan a la Gran Teoría de Unificación que unifica a las interacciones electromagnéticas, las interacciones nucleares débiles y las interacciones nucleares fuertes iniciada entre los años 1967 y 1968 por el físico teórico norteamericano Steven Weimberg (1933-) y el físico teórico paquistaní Abdus Salam (1926-1996). Hasta el momento en que se escribe este libro no se ha podido incluir con éxito la interacción gravitatoria dentro de esta gran teoría de la unificación a pesar de los ingentes esfuerzos de los más destacados físicos teóricos del mundo, aunque existen varias teorías al respecto.

2. El problema de la masa en la mecánica de Newton

La joven mecánica de Newton parecía haber dejado algunos cabos sueltos, en opinión de algunos científicos de aquella época y posteriores. Según esos estudiosos, había definiciones en la teoría newtoniana que no quedaban completamente claras. Uno de las ideas más debatidas durante los siglos XVIII y XIX fue el concepto o definición de masa. Por la importancia que reviste este concepto en la teoría de la relatividad creemos necesario referirnos a las discusiones de carácter filosófico que se desarrollaron durante los mencionados siglos alrededor de este importante concepto.

Desde mucho tiempo antes de Newton se conocía como determinar la masa de los cuerpos mediante la balanza. Este procedimiento se conoce hoy en día como método estático de determinación de la masa de los cuerpos. Con los estudios realizados por Galileo sobre la caída libre de los cuerpos en el campo gravitatorio terrestre se comienza a perfilar que aún los cuerpos con diferente masa son atraídos hacia la tierra con la misma aceleración gravitatoria. En sus "Principios" Newton fue más allá y estableció, con su segunda ley del movimiento, que el movimiento de un cuerpo—caracterizado por su aceleración— está íntimamente relacionado con la masa del mismo. De esta forma se llegó a la conclusión de que la masa de los cuerpos tiene una doble relación, por un lado con el campo gravitatorio terrestre cuya fuerza ejercida sobre un cuerpo era proporcional a la masa del mismo (según la teoría de Newton la expresión matemática para la fuerza de gravedad era: $F_g = G\ M_1\ M_2\ /\ r^2$ donde **G** es la constante gravitatoria de Cavendish, M_1 y M_2 son las masas de los cuerpos interactuantes y **r** es la distancia que separa a ambos cuerpos) , y por el otro con el movimiento al cual estaba sometido el cuerpo (según la segunda ley de Newton **F= M a** donde **F** es la fuerza que ejerce un agente externo sobre el cuerpo, **M** es la masa del cuerpo y **a** es su aceleración). De esa manera se vio que si difícil era levantar un determinado cuerpo a determinada altura de la tierra, también lo era sacar a este mismo cuerpo del estado de reposo o de movimiento en que se encontraba, o lo que es lo mismo "romper su inercia".

A partir de estas dos formas de interpretar la masa se elaboraron las bases teóricas de los dos métodos de medición de la misma que se usan actualmente: el antiguo método estático mediante el uso de la balanza, y el método dinámico surgido a partir de las leyes de Newton sobre el movimiento. A la masa medida por el primer método se le llamó "masa gravitatoria" y a la masa medida según el segundo método se le llamó "masa inercial". El propio Newton se percató desde el principio de estas dos interpretaciones, a primera vista diferentes, y se dedicó a realizar una serie de experimentos tendientes a establecer la relación que debía existir entre ambos tipos de masa. En sus experimentos Newton partió del resultado galileano de que todos los cuerpos descienden espacios iguales en tiempos iguales bajo la acción del campo gravitatorio de la tierra. Veamos la descripción que el propio Newton hizo en sus "Principios" de los experimentos que llevó a cabo a este respecto: "He intentado lo mismo con oro, plata, plomo, vidrio, arena, sal común, madera, agua y trigo. Provisto de dos cajas de madera iguales, llené una de ellas con madera y suspendí un peso igual de oro (tan exactamente como pude) en el centro de oscilación de la otra. Las cajas suspendidas por cuerdas iguales de once pies, formaron un par de péndulos perfectamente iguales en peso y forma e igualmente expuestos a la resistencia del aire; y, colocándolas una junto a la otra, oscilaron juntas adelante y hacia a atrás durante un largo rato con oscilaciones iguales. Y, por tanto, la cantidad de materia en el oro era a la cantidad de materia en la madera como la acción de la fuerza motriz que actuaba sobre el oro era a la acción de la misma fuerza sobre toda la madera, es decir como el peso de uno es al peso del otro. Y por estos experimentos, en cuerpos del mismo peso, podía haber descubierto una diferencia de materia menor que la milésima de la totalidad".

De la forma anterior llegó Newton— por primera vez en la historia de las ciencias y desde el punto de vista cuantitativo— a aceptar la igualdad de las masas inerciales y gravitatorias de un cuerpo determinado. Este resultado ha sido comprobado en diferentes experimentos realizados por diferentes científicos, en diferentes épocas y usando diferentes métodos experimentales y equipos de laboratorio más sofisticados que los usados por Newton y en todos los casos han arrojado el mismo resultado. Los últimos experimentos realizados a este respecto los hicieron Dike en 1964 y Braginsky en 1972 y ambos extendieron el límite de exactitud de la igualdad de las masas hasta 10^{11} y 10^{12} respectivamente, usando una técnica similar a la balanza de torsión pero refiriéndola a la atracción gravitatoria del Sol y la fuerza centrífuga inercial producida por la órbita de la Tierra respecto del Sol. Este hecho experimental comprobado hasta la saciedad se convirtió, como veremos más adelante, en la piedra angular de la teoría general de la relatividad.

Volvamos ahora al concepto de masa dado por Newton en sus "Principios" el cual, como ya dijimos, produjo una serie de discusiones filosóficas durante los doscientos años posteriores a Newton. Newton definió la masa de un cuerpo como la medida de la cantidad de materia que surge conjuntamente de su densidad y de su volumen. Esta definición halló serias objeciones, ya que para determinarla era necesario conocer la densidad del cuerpo, y esta, a su vez se determinaba por la cantidad de materia en la unidad de volumen.

El primero en criticar la definición newtoniana de masa fue el sabio ruso Mijaíl Lomonosov (1711-1765), quien demostró que en la cantidad de materia de uno u otro cuerpo deberán intervenir no solo los átomos químicos, según suponía Newton, sino también otros aspectos de la materia. Acorde a lo que planteaba Lomonosov, muchos científicos, que partían de la acción dinámica entre los cuerpos para estimar la masa, empezaron a relacionar a esta con la propiedad de inercia de los cuerpos. A partir de este pensamiento surgió una nueva definición de masa, al parecer, contrapuesta a la de Newton. Esta nueva definición establecía que la masa era una medida de la inercia de los cuerpos. Así se desató una fuerte polémica entre estas dos tendencias. Debemos destacar que el propio Newton parece haberse percatado de esta ambigüedad en la interpretación del concepto de masa y mientras estudiaba las características de las fuerzas de inercia se dio cuenta de que las mismas eran directamente proporcionales a la cantidad de materia de los cuerpos. En relación con lo anterior Newton escribió: "Esta fuerza es siempre proporcional a la masa y si se diferencia de la inercia de la misma quizás lo sea únicamente en la interpretación que de ella se dé".

El anterior planteamiento de Newton, por su sensatez y madurez científica, hubiera bastado para detener o, al menos, encauzar la susodicha polémica. Sin embargo no ocurrió así. Por un lado los partidarios de la masa como medida de la inercia encontraban gran dificultad para "casar" a la masa con la inercia en los movimientos curvilíneos y de rotación, debido a que la inercia en estos movimientos depende, además de la masa, de su distribución alrededor de un eje de rotación. Por otro lado, los que se inclinaban por la interpretación newtoniana de masa se aferraban a la dificultad de los anteriores para tratar de demostrar que la masa no tiene relación alguna con la inercia.

Poco a poco esta polémica fue tomando otro cauce pues, aprovechándose de estas discrepancias, surgieron otros científicos que trataron de restarle importancia al concepto de masa (como concepto físico) llegando algunos a plantear que la masa aparecía en las ecuaciones de la mecánica solo como un símbolo o una constante la cual no tenía ningún tipo de relación con la materia y, mucho menos, con la inercia.

A fines del siglo XIX la discusión había dividido a los científicos en dos grandes bandos. Por un lado se encontraban los partidarios de relacionar a la masa con la materia y con la inercia, estos fueron llamados materialistas, y los que trataban de negar todo vínculo de la masa con la materia y la realidad física, estos fueron llamados idealistas. La polémica se hizo más enconada con el desarrollo del estudio de los fenómenos electromagnéticos pues se llegó a pensar que el magnetismo y la electricidad no eran formas de sustancia o materia, sin embargo en 1889 el científico ruso P.N.

Lebedev demostró que la luz (la cual ya se sabía en ese momento que era una forma de radiación electromagnética) ejerce presión sobre la superficie de los cuerpos, de lo cual se deducía que la misma posee masa. Estos resultados teóricos de Lebedev fueron corroborados más tarde experimentalmente.

En relación con el descubrimiento de la presión lumínica se produjo un cambio en las ideas acerca de la masa y de la energía. Resultó que ambas están en indisoluble unidad tanto con la materia como entre sí. Se llegó entonces a la conclusión de que la masa caracteriza la cantidad de materia y la energía la medida de su movimiento (de su inercia).

Cuando todo parecía haber inclinado la balanza a favor de los newtonianos y de su interpretación de la masa como medida de la cantidad de materia, se hicieron públicos los trabajos de Oliver Heaviside (1850-1925) y Hendrik A. Lorentz (1853-1928) en los cuales se analizaba el movimiento de los electrones. Principalmente Lorentz llegó a la conclusión de que la masa de los electrones depende de la velocidad del movimiento de los mismos. En 1901 varios importantes científicos de la época confirmaron experimentalmente esta conclusión. Estos resultados de última hora volvieron a reactivar la vieja polémica pues de nuevo se ponía de manifiesto la estrecha relación de la masa con la inercia de las partículas materiales.

Así andaban las cosas alrededor del concepto de masa en vísperas del nacimiento de la teoría especial de la relatividad. Más adelante veremos de la manera brillante con que Einstein resolvió esta vieja disputa entre los físicos. Por ahora pasemos a ver qué sucedió con la mecánica newtoniana en los siglos XVIII y XIX, tanto en el plano teórico como en sus aplicaciones, sobre todo en la astronomía.

3. *Auge de la Mecánica Newtoniana en los Siglos XVIII y XIX*

Todavía a finales del siglo XIX había físicos que se lamentaban de que Newton había dejado muy poco por hacer en la mecánica y que después de él solo había sido posible dar algunos retoques teóricos y prácticos o conformarse con hacer algunos análisis filosóficos acerca de determinados conceptos. Fue tan rotundo el éxito de la mecánica de Newton y de su teoría de la gravedad que por una buena cantidad de años se llegó a pensar que todos los fenómenos físicos podían ser explicados mediante las leyes de las mismas. De esta forma surgió lo que hoy se ha llamado la "concepción mecanicista" de la naturaleza.

Sobre la base de las leyes de Newton se construyeron dos grandes cuerpos teóricos que llegaron a ser orgullo de la comunidad científica internacional. Las tres leyes de la mecánica de Newton dieron origen a lo que hoy se conoce como "mecánica clásica o analítica" en la cual trabajaron de manera destacada famosos matemáticos y físicos de la talla de Jean B. D'Alembert (1717-1783), Joseph L. LaGrange (1736-1813) y Leonard Euler (1707-1783). Por otro lado, la ley de la gravitación universal aseguró las bases de toda la astronomía moderna, alcanzando ésta un altísimo grado de desarrollo tanto en el plano práctico como teórico.

A continuación veremos cuáles fueron los principales logros de la mecánica analítica y de la astronomía que más influyeron en la teoría de la relatividad de Albert Einstein.

El famoso filósofo y matemático francés D'Alembert en su obra capital: *Tratado de Dinámica,* inicia formalmente en la mecánica el estudio de la fuerza de interacción entre los cuerpos a través de dos conceptos que ya habían sido utilizados por Descartes, Newton y Leibniz. En su obra D'Alembert plantea la posibilidad de analizar la acción de una fuerza desde dos puntos de vista antagónicos en aquella época; el concepto de cantidad de movimiento y el de fuerza viva, conocido hoy como energía. A pesar de que en aquellos tiempos no estaban claros estos conceptos, D'Alembert trató de conciliarlos y postuló que ambos procedimientos de estimar la fuerza eran equivalente. Su planteamiento fue el siguiente: Den a resolver un mismo problema de mecánica a dos geómetras de los cuales uno sea contrario a las fuerzas vivas y otro partidario de ellas. Si las soluciones de estos dos geómetras son correctas en general, coincidirán".

La situación planteada por D'Alembert se puede establecer hoy en día como sigue: por un lado se puede calcular la fuerza **F** como propuso Newton en su segunda ley del movimiento, como la variación temporal de la cantidad de movimiento **P**, $F = \Delta P / \Delta t$. Por otro lado **F** se puede calcular usando la variación que sufre la energía cinética E_c cuando el cuerpo sufre un desplazamiento **s**, $F = \Delta E_c / \Delta s$. La introducción en la física de esta metodología dual ha sido de capital importancia en el desarrollo de esta ciencia tanto en lo que se refiere a la explicación teórica de los fenómenos como a su uso práctico en diferentes aplicaciones, incluso, fuera del marco de la mecánica. En la teoría especial de la relatividad estos dos conceptos así como los métodos de trabajo que se desprenden de ellos constituyen piedras angulares como veremos más adelante.

Esta doble medida del movimiento se mantuvo por muchos años, mientras los físicos no lograron entender realmente que era la energía y, sobre todo, hasta que no fue formulado, comprobado y demostrado, a mitad del siglo XIX, el principio de conservación y transformación de la energía el cual se debió a los trabajos del médico alemán Julius Robert Mayer (1814-1878) y al destacado físico inglés James Prescott Joule (1818-1889).

Volviendo a la dualidad en la medida del movimiento debemos decir que con D'Alembert la mecánica entra en una etapa en la cual los científicos se afanan por lograr métodos de cálculo de problemas prácticos más viables donde la segunda ley de Newton se hace más difícil de manejar. Esta etapa, que bien pudiéramos llamarla "Etapa de los Principios", se caracteriza por la aparición de una serie de principios los cuales inicialmente solo se les reconoció su gran importancia práctica pero que posteriormente se ha visto su gran importancia teórica y metodológica en todas las ramas de la física incluyendo las modernas mecánica cuántica y la teoría de la relatividad.

Hacia 1717 Juan Bernoulli (1667-1748) formula el principio que hoy lleva su nombre o "Principios de los Desplazamientos Virtuales". En 1778, en su "Mecánica Analítica", LaGrange hizo una generalización de los principios de la mecánica antes mencionados, introduciendo el Nuevo concepto de "Trabajo Virtual", incorporándolo al principio de los desplazamientos virtuales e introduciendo por primera vez en la física el método de coordenadas generalizadas desarrollado anteriormente por los geómetras del siglo XVIII entre los que él mismo se encontraba. Así, LaGrange logró desarrollar un poderosísimo aparato de cálculo que culmino con el establecimiento del sistema de ecuaciones del movimiento que hoy lleva su nombre. En esta obra, LaGrange hace uso de un Nuevo método de análisis matemático, el "Cálculo de Variaciones", e introduce como ente básico de sus ecuaciones el funcional que hoy llamamos "Lagrangiano" u "Operador de LaGrange". Esto, que inicialmente fue un elegante, sencillo y potente método de cálculo de los problemas mecánicos, más tarde se convirtió en un instrumento de investigación sorprendentemente poderoso en casi todas las ramas de la física, ya sea clásica, cuántica o relativista.

Las ecuaciones de LaGrange fueron deducidas partiendo de la consideración instantánea del estado de movimiento del sistema y supone pequeños desplazamientos virtuales en torno de aquel. Posibles desplazamientos que se podrían producir a partir de un estado determinado del sistema. Sin embargo, en la primera mitad del siglo XIX el destacado matemático y astrónomo irlandés W.R. Hamilton (1805-1865) desarrolló la posibilidad de deducir dichas ecuaciones partiendo de un principio que considere al movimiento completo del sistema en cuestión en un determinado intervalo de tiempo y que tenga en cuenta pequeñas variaciones virtuales de tal movimiento en su conjunto con relación al movimiento real del sistema. Lo anterior trajo como consecuencia el enunciado por parte del propio Hamilton de un principio-descubierto por Herón de Alejandría para los fenómenos luminosos casi dos mil años atrás (ver el capítulo I, epígrafe 4 de este libro), conocido ahora como "Principio de Acción Mínima". Este importante principio permite construir la mecánica de los sistemas conservativos (sistemas mecánicos donde la energía mecánica no se gasta y se mantiene constante) por un camino menos escabroso que usando las leyes de la mecánica de Newton. Por suerte para nosotros la mecánica cuántica y la teoría de la relatividad trabajan básicamente con sistemas conservativos por lo cual, como ya dijimos, este principio es de un inestimable valor en estas dos ciencias.

Todo lo expuesto anteriormente demuestra el aporte inestimable que supuso para la teoría de la relatividad esta etapa de desarrollo de la mecánica que en esta obra hemos llamado de los "Principios". Como veremos más adelante, estos famosos principios fueron preparando el camino que terminó en esa maravillosa síntesis que es **la teoría de la relatividad.**

4. Aportes de la Astronomía de los siglos XVIII y XIX a la formación de las ideas relativistas

Pero a la par que se desarrollaba la "Etapa de los Principios" la astronomía no descansaba, ahora armada de dos nuevos e importantes instrumentos de trabajo: el telescopio, en el plano práctico, y la mecánica de Newton, en el plano teórico. Así la astronomía fue otro cauce por donde la mecánica de Newton hizo correr sus aguas produciendo un desarrollo increíble tanto por el uso de las leyes del movimiento como por la aplicación de la teoría de la gravitación que se convirtió muy pronto en la base de los logros más relevantes de esta ciencia.

Uno de los primeros astrónomos en aplicar las leyes de Newton fue su gran amigo y colaborador Edmund Halley (1656-1742). Este gran astrónomo mediante el uso del telescopio y la nueva herramienta teórica que representaba los trabajos de Newton, hizo un estudio profundo de la trayectoria de varios cometas entre los que se cuenta el que lleva su nombre. Al concluir estos estudios Halley fue capaz de predecir que este cometa, que él observó en 1682, debería regresar cada 76 años, lo cual ha sido confirmado desde entonces a la fecha. Halley llegó a ser el director del Observatorio Real inglés creado en 1675 en un suburbio de Londres conocido como Greenwich.

Sucedió a Halley como Astrónomo Real otro famoso astrónomo inglés, James Bradley (1693-1762), cuyo principal descubrimiento se cita hoy como uno de los que más contribuyó, junto con los experimentos de Fizeau y de Michelson y Morley, al derrumbe estrepitoso de la famosa hipótesis del Éter. Por la importancia que reviste el llamado fenómeno de la "Aberración de la luz" descubierto por Bradley en la génesis y formación de las ideas relativistas es que hemos decidido dedicar algunas líneas a su descubrimiento.

En 1725 J. Bradley inició una interesante serie de observaciones muy precisas de un cambio aparentemente estacional en la posición de una estrella lejana llamada Dacronis. Él observó que una estrella como esa situada en el cenit parecía moverse en una órbita casi circular con un período de un año, teniendo un diámetro angular de unos 40,5 segundos de grado sexagesimal. Lo mismo observó para otras estrellas pero con movimiento elíptico.

El movimiento descubierto por Bradley no era solamente debido al movimiento real de la estrella sino que, como se supo más adelante, estaba estrechamente relacionado con la velocidad finita de la luz y con el movimiento de la Tierra alrededor del Sol. Este "experimento astronómico", como se le puede considerar, puede decirse que fue el primero que probaba verdaderamente que el Sol tenía condiciones muy superiores a la Tierra como sistema inercial de referencia (condiciones para ser tomado como punto de referencia para estudiar el movimiento de los demás cuerpos celestes). Como se puede ver este experimento fue totalmente decisivo, como hecho práctico, en el triunfo de la concepción heliocéntrica del universo—propuesta por Copérnico— sobre la geocéntrica de Tolomeo.

Cálculos teóricos realizados anteriormente al experimento de Bradley mostraban que dicha estrella debería alcanzar el punto más al sur de su movimiento aparente en diciembre, y su punto más al norte en junio. En vez de este resultado, Bradley encontró con su experimento un movimiento aparente del astro que alcanzaba su punto más al sur en marzo y su punto más al norte en septiembre.

Hasta nuestros días ha llegado la historia de que la solución del problema llegó a Bradley mientras navegaba en un bote de vela por el río Támesis. Notó que cuando el bote doblaba, una pequeña bandera que había en la parte superior del mástil cambiaba de dirección aun cuando el viento no había cambiado su dirección. De modo que lo único que había cambiado era la dirección de la velocidad del bote. Este hecho hizo pensar al astrónomo que la dirección de la velocidad de la Tierra, combinada con la velocidad constante de la luz que provenía de la estrella, podría causar el aparente cambio de la posición del astro. De esta forma Bradley logró hallar el ángulo que debía inclinar su telescopio para enfocar la estrella y, además, halló una manera práctica de mejorar la exactitud del estimado previo de la velocidad de la luz hecho en 1676 por el astrónomo danés Ole Romer (1644-1710), el cual había estimado que a la luz le tomaría alrededor de 22 minutos recorrer una distancia igual al diámetro de la órbita de la Tierra alrededor del Sol, lo cual equivalía a decir que la luz recorría 220.000 kilómetros en un segundo. Esta constituyó el primer estimado que se hizo de la velocidad de la luz que anteriormente se consideraba infinita.

La determinación de Bradley del ángulo de aberración de la luz fue la mejor que se tuvo hasta el advenimiento de la teoría dela relatividad y coincidió muy bien con sus observaciones pues la velocidad el objeto que se mueve respecto a la luz proveniente de la estrella— en este caso la

Tierra—es mucho menor que la velocidad de la luz en el espacio libre. La velocidad de la Tierra en su órbita alrededor del Sol es aproximadamente 30 kilómetros por Segundo. De este modo se podría decir que este fenómeno de la aberración de la luz descubierto por Bradley fue el primer efecto relativista observado por el hombre pero que por su característica pudo ser resuelto dentro del marco de la mecánica clásica de Newton.

Otro descubrimiento sorprendente de esta etapa de la astronomía a la que nos estamos refiriendo es el siguiente. En 1783 un joven físico y astrónomo ingles de apellido Michael dedujo, usando las leyes de Newton de la mecánica y de la gravitación, que si existieran estrellas con un tamaño mucho mayor que el Sol (unas mil veces mayor) pero con el mismo peso por unidad de volumen, el campo gravitatorio de las mismas sería tan intenso que ni la propia luz irradiada por ellas podría escapar fuera de su propia gravedad. Hoy se sabe que una estrella con estas características es lo que se conoce como "Hueco negro".

Más tarde en 1799 los famosos físicos, matemáticos y astrónomos franceses Pedro Simón, Marqués de Laplace (1749-1827) y Simeón D. Poisson (1781-1840) llegaron, cada uno por su parte, a una teoría del potencial gravitatorio que los llevó a la conclusión de que una sustancia de cualquier clase, distribuida en el espacio con una determinada densidad origina en torno suyo un campo gravitatorio cuyas ondas se propagan a la velocidad de la luz en el espacio libre.

Como ya hemos dicho tanto Michael como Laplace y Poisson apoyaron sus predicciones en la teoría de la gravitación de newton y en su mecánica clásica, de las cuales llegaron a fórmulas casi correctas. Decimos "a fórmulas casi correctas" pues en realidad sobre la base de la física conocida en aquella época era imposible hacer predicciones exactas de un fenómeno como el hueco negro o las ondas gravitatorias, pues la explicación correcta de estos fenómenos sólo se halla en la teoría general de la relatividad.. Así y todo, Laplace llegó a predecir con gran aproximación cuanto debía medir el radio de una estrella, para la cual la segunda velocidad cósmica es igual a la velocidad de la luz (de manera que ningún cuerpo, ni siquiera la luz, puede abandonar su superficie). Este radio, según Laplace, debía ser proporcional a la masa de la estrella y fue denominado por él "radio gravitacional". Así, por ejemplo, para una estrella con una masa como la del Sol debía ser aproximadamente de tres kilómetros (3 Km).

Por esta época varios físicos, además de los ya mencionados, estaban enfrascados en la tarea de generalizar la teoría newtoniana de la atracción gravitatoria. Uno de estos científicos fue el ruso B.B. Golitsin (1862-1916) que en la última década del siglo XIX desarrolló la teoría clásica general de las ondas gravitatorias en relación con la hipótesis sobre la posibilidad de la "constante digravitacional" análoga a lo que es en electricidad la "permeabilidad eléctrica", hipótesis está formulada por el también importante físico ruso P.N. Lebedev. Aunque estas ideas no trascendieron, en efecto, la teoría moderna de la atracción gravitatoria lleva directamente, en aproximación lineal, a las ecuaciones de onda del campo gravitatorio del tipo de Laplace-Poisson. Por otra parte, de manera más indirecta la función de la "constante digravitacional" es llevada por el propio campo de gravitación, dado que este se subordina a las ecuaciones no lineales de la teoría relativista de la gravedad.

Otro de los precursores de la **teoría de la relatividad** fue el astrónomo bávaro Johann George Von Soldner, quien basándose en una conjetura hecha por el propio Newton en un comentario sobre su obra "Óptica", y sobre la teoría clásica de las ondas gravitacionales de Laplace-Poisson, calculó en 1804 el valor del ángulo que se desviaría la luz de una estrella que pasase rozando el Sol. En el citado comentario Newton había escrito: "¿No actúan los cuerpos sobre la luz a través de la distancia, y por su acción curva sus rayos?, ¿y no es esta acción más fuerte a distancias menores?". Soldner consideró a la luz, acorde con la teoría de Newton, como formada por diminutos corpúsculos e hizo el cálculo como si se tratase de hallar la desviación de un cometa, solo que por moverse mucho más rápido, la luz se desvía mucho menos. El valor conseguido por Soldner fue de 0,85 segundos de arco. O sea que el campo gravitatorio del Sol debía provocar esa desviación a un rayo de luz que pasase cerca de él. Por desgracia, este trabajo de Soldner pasó totalmente inadvertido por la comunidad científica de aquella época y hubo que esperar casi cien años a que Einstein en 1911 en un trabajo donde tuvo en cuenta la masa de las partículas de luz (cuantos de luz o fotones) en movimiento y el efecto que sobre ellas ejercían los campos gravitatorios, obtuviera un resultado idéntico. El resultado real de esta desviación—el doble del obtenido por Soldner y el propio Einstein— lo logró Einstein en 1916 cuando incluyó en sus deducciones el efecto del espacio-tiempo curvo en los alrededores de un fuerte campo gravitatorio.

5. La Geometría Prepara el Camino

Como acabamos de ver Einstein necesitó postular que la acción de un campo gravitatorio produce la curvatura del espacio-tiempo a su alrededor, por lo cual tuvo que desarrollar sus ecuaciones usando la geometría de los espacios curvos o, como se le llamó, la geometría "no euclidiana" descubierta por una serie de importantes geómetras en el transcurso del siglo XIX. Pasemos ahora a relatar cómo se produjeron estos importantes descubrimientos en el campo de la geometría.

A finales del siglo XVIII la geometría desarrollada dos mil años atrás por Euclides estaba siendo muy cuestionada. El famoso quinto postulado o postulado de las paralelas le parecía a los matemáticos de la época más bien un teorema, pero por más que se esforzaran ninguno de aquellos grandes matemáticos, incluido el gran Euler, podían demostrarlo. En esta situación aparece el joven y desconocido matemático y educador ruso Nicolai Lobachevski (1793-1856) y rompe el nudo gordiano de la geometría proponiendo sustituir el quinto postulado de Euclides por otro totalmente opuesto.

En esencia el postulado de Euclides planteaba que por un punto exterior a una línea recta podía pasar una y solo una línea paralela a esa recta. Lobachevski postuló todo lo contrario y planteo que podría existir un sistema geométrico donde por un punto exterior a una recta podían pasar infinitas líneas paralelas a ella.

Esto parecía una idea descabellada para la época pero así y todo Lobachevski basándose en su Nuevo postulado construyó una nueva geometría a la cual llamó "geometría imaginaria" (hoy se conoce con el nombre de "geometría hiperbólica"), pues a la luz de aquellos tiempos no parecía reflejar realidad geométrica alguna.

Nicolai Lobachevski (1792-1756)

Pero pronto Lobachevski, hombre de genio sin par, se dio cuenta de que, a pesar de que su geometría no parecía tener relación con los fenómenos físicos conocidos en su tiempo, era posible que la misma respondiera a espacios de distancias enormes del orden de las dimensiones del universo. Este gran matemático se percató de que la manera como él podía probar esto era mediante mediciones astronómicas. Aprovechando que había quedado a cargo de la cátedra de astronomía de la Universidad de Kazán, se dedicó a realizar las mencionadas mediciones e intentar verificar en forma experimental si nuestro espacio cósmico conforma una región regida por su geometría imaginaria. Para su experimento utilizó el famoso dilema que contraponía a su sistema con el de Euclides, el cual consistía en que en la geometría de Euclides la suma de los ángulos interiores de un triángulo es igual a dos ángulos rectos o sea 180^0 sexagesimales, mientras que en su geometría la referida suma era menor que dos ángulos rectos. Apoyado en los paralajes de las estrellas fijas Keida, Rigel y Sirio Lobachevski calculó la suma de los ángulos interiores de un triángulo cuyos vértices eran la Tierra, el Sol y una de las estrellas fijas. Los cálculos arrojaron que la suma difería de la dada por Euclides en menos de 0,000372 minutos de grados. Teniendo en cuenta que los cálculos de Lobachevski no fueron demasiado rigurosos el resultado obtenido no pudo ser considerado definitorio de su geometría y no ponía en tela de juicio la geometría euclidiana ya que la diferencia de ángulo obtenida caía dentro del rango de error del experimento.

No obstante el resultado del experimento, la fe de Lobachevski en la validez de su geometría era tan grande que justificó el resultado adverso planteando que las distancias que podían considerarse grandes hasta las estrellas fijas, según Laplace, eran pequeñas en relación a las dimensiones del Universo pues estas estrellas pertenecen al mismo conglomerado de estrellas al que pertenece nuestro sistema solar. La astronomía teórica y práctica del siglo XX se encargó de demostrar esta teoría. Lobachevski estaba firmemente convencido de la importancia y de la aplicabilidad de su sistema geométrico en las ciencias físicas del futuro de lo cual da fe un comentario suyo que reza: "No obstante podemos prever que, con los nuevos principios de geometría, los cambios en la mecánica serán tales como los ha mostrado Laplace en su *Mécanique Céleste*" quien estimaba posible toda dependencia entre la velocidad y la fuerza o, para ser más exactos, suponía que las fuerzas medidas siempre con arreglo a la velocidad obedecen otra ley de su composición, diferente de la ley establecida". Esta genial predicción del geómetra ruso llegó a convertirse en realidad al cabo de 80 años con la relatividad general y se puede decir que fue Lobachevski quien dio el primer paso en el desarrollo del gran sistema de la geometría no euclidiana que se desarrolló a lo largo del siglo XIX.

En 1853 el gran matemático alemán Carl Friedrich Gauss (1777-1855) le pidió a su discípulo Bernhard Riemann (1826-1866) prepararse para una disertación con el objetivo de obtener una posición como profesor de matemáticas en la Universidad de Gottingan y en 1854 Riemann impartió su conferencia la cual fue recibida con gran entusiasmo por los académicos de dicha casa de estudios. En esa conferencia titulada: "Sobre las Hipótesis que Sustentan la Geometría", Riemann expone los fundamentos de una geometría generalizada de más de tres dimensiones (en realidad de **n** dimensiones donde **n** representa un número cualquiera comenzando por 1). Este trabajo de Riemann estaba basado en las teorías de la nueva geometría no euclidiana desarrolladas por Lobachevski y por su propio maestro, Gauss entre otros. El sistema geométrico desarrollado por Riemann incluía como casos particulares a la geometría clásica tridimensional de Euclides y a la geometría hiperbólica de Lobachevski. Esta era una geometría de espacios curvados y todo su aparato matemático le vino como anillo al dedo, años más tarde, a la teoría de la relatividad. De ella partió el matemático alemán Hermann Minkowski, como dijimos páginas atrás, para desarrollar su geometría espacio-temporal de la teoría de la relatividad y fue usada por Einstein y su colaborador, el matemático húngaro Marcell Grossmann (1878- 1936), para establecer las ecuaciones del espacio-tiempo curvado de la teoría general de la relatividad.

Como hemos podido ver esta etapa de desarrollo de la geometría en el siglo XIX fue el precedente matemático más importante de la teoría de la relatividad y dejó el terreno preparado para logros mayores en el campo de la física del siglo XX.

Bernhard Riemann (1826-186)

Capítulo IV

En Vísperas de la Relatividad

1. La Teoría Electromagnética de Faraday y Maxwell

En el largo camino que hemos venido recorriendo para llegar a la relatividad hemos sido testigos ya de una importante unificación en el estudio de la física. Esta sucedió cuando Isaac Newton demostró fehacientemente que la "materia celeste" y la "materia terrestre" eran de la misma naturaleza y se sometían a las mismas leyes físicas. Esta fue la primera de una serie importante de unificaciones que se han venido produciendo en las ciencias físicas. Con cada una de estas generalizaciones la física se ha beneficiado y fortalecido enormemente.

La segunda de estas importantes unificaciones fue la que se desarrolló en el siglo XIX entre los fenómenos eléctricos, magnéticos y ópticos. Los principales artífices de ella fueron, en el plano experimental, el gran físico inglés Michael Faraday (1791-1867) y, en el plano teórico, el genial físico-matemático escocés James Clerk Maxwell (1831-1879). Hoy en día esta teoría unificada de los fenómenos electromagnéticos y ópticos se conoce como teoría electromagnética clásica de Faraday-Maxwell-Lorentz, y los historiadores de las ciencias del siglo XX consideran que esta es una de las grandes causas históricas que dieron origen a la teoría de la relatividad, junto con la crítica relativista del espacio absoluto newtoniano desarrollada por el filósofo y físico austriaco Ernest Mach (1838-1916) y sus seguidores. Por esta razón es que hemos querido realizar en los próximos párrafos un análisis histórico del papel jugado por el electromagnetismo clásico en el desarrollo posterior de la relatividad.

Hasta finales del siglo XIX los fenómenos eléctricos, magnéticos y ópticos se estudiaban por separados como hechos independientes unos de otros, pero en la segunda década de dicho siglo el danés Hans Christian Oersted (1777-1851) descubre casi casualmente que al hacer pasar una corriente eléctrica por un alambre conductor las agujas magnéticas que se encontraban situadas en sus alrededores abandonaban su orientación hacia el campo magnético terrestre para orientarse según la influencia que sobre ellas ejercía el conductor con corriente. A partir de este momento se supo que toda corriente eléctrica produce un campo magnético a su alrededor.

Un poco más tarde en la década de los treinta del propio siglo, dos grandes, el inglés Michael Faraday y el físico norteamericano Joseph Henry (1797-1878), realizaron, cada uno por su parte, una serie de experimentos tratando de demostrar el fenómeno inverso del obtenido por Oersted, o sea, que todo campo magnético variable en el tiempo es capaz de producir una corriente eléctrica. Estos experimentos condujeron al descubrimiento del fenómeno de inducción electromagnética el cual es la base de toda la electrotecnia moderna. Una década después el propio Faraday descubre un interesante efecto que conecta a los fenómenos magnéticos y ópticos. Este fenómeno consiste en la rotación del plano de polarización de la luz debido a la acción de un campo magnético. Todos estos descubrimientos fueron estableciendo el vínculo indestructible que existe entre los tres tipos de fenómenos ya señalados.

Por otro lado, la óptica se había venido desarrollando a través de los experimentos de Thomas Young (1773-1829), Agustín Fresnel (1788-1827) y Francisco Arago (1786-

1853) los cuales se apoyaban sobre la llamada teoría ondulatoria de la luz la cual consistía en considerar a la luz como un fenómeno de vibraciones mecánicas de un determinado medio continuo universal, el éter. Esta teoría comienza a tambalearse precisamente con el descubrimiento del mencionado fenómeno de polarización de la luz y su estrecha relación con el electromagnetismo. Ya en esta época Faraday, partiendo de sus resultados experimentales, llega a la conclusión relativa a la velocidad límite de la propagación de las interacciones electromagnéticas y comienza a conjeturar la idea de las ondas electromagnéticas.

Faraday era un avezado experimentador—hoy considerado entre los más grandes experimentadores en el campo de la física en todos los tiempos— pero debido a su precaria formación autodidacta (jamás realizó estudios universitarios) tenía serias limitaciones de carácter matemático y esto lo obligaba a seguir el método de sacar conclusiones a partir de una gran acumulación de datos experimentales los cuales después comunicaba mediante largas descripciones. Esto conspiraba contra la elaboración de una teoría electromagnética sintética y coherente que se apoyara sobre la base de un pequeño número de leyes fundamentales escritas en el más práctico lenguaje matemático (como había hecho Newton con la mecánica). Esta compleja y meritoria tarea le tocó a Maxwell, el más grande físico teórico del siglo XIX y uno de los más destacados de todos los tiempos. Para esto Maxwell se apoyó todo el tiempo en los resultados experimentales de Faraday, así como en sus conclusiones teóricas. Entre los tantos aportes de Maxwell a la teoría electromagnética clásica está el concepto de "campo electromagnético". La idea de este concepto había sido esbozada por Faraday cuando trató de explicar que los fenómenos de la polarización de la luz son incompatibles con la hipótesis del éter líquido o gaseiforme. Al respecto Faraday decía: "A mi parecer, el conjunto de dos o más líneas de fuerza se encuentra en condiciones adecuadas para una acción que puede considerarse equivalente a la vibración transversal, mientras que un medio homogéneo, análogo al éter, no parece apropiado para ello o no parece más apropiado que el aire o el agua. La aparición de una variación en un extremo de la línea de fuerza, hace suponer que a dicho cambio sigue otro en el otro extremo de la misma. La propagación de la luz y, probablemente, de todos los procesos de radiación exige tiempo; para que semejante vibración de fuerza pueda explicar el fenómeno de la radiación, es necesario que tal vibración exija también tiempo".

Más adelante Maxwell indicó que estas ideas de Faraday le sirvieron de base para formular su teoría electromagnética de la luz, y que eran completamente compatibles con su "Teoría dinámica del Campo". Maxwell redujo todo el trabajo experimental de Faraday y otros investigadores ya mencionados a cuatro leyes básicas que él mismo generalizó y expresó en puro lenguaje matemático, de esta forma el electromagnetismo de Faraday quedó reducido a cuatro ecuaciones cuyo manejo era mucho más fácil que todo el cúmulo de datos obtenidos por los experimentadores hasta aquella fecha. En estas ecuaciones de Maxwell aparece de manera natural una constante cuyo valor coincide con el de la velocidad de la luz en el vacío. Un tiempo después cuando el propio Maxwell desarrolla las ecuaciones de propagación de las ondas electromagnéticas partiendo de las cuatro ecuaciones anteriormente obtenidas, la mencionada constante aparece en el preciso lugar que debía ocupar la velocidad con que viajan estas ondas. Esto último demostraba al menos teóricamente, que la luz es una onda electromagnética. Esta teoría maxwelliana fue confirmada definitivamente veinte años después en 1885, por el famoso físico alemán de origen judío Heinrich Hertz (1857-1894) cuando este logró producir y detectar, en condiciones de laboratorio, ondas electromagnéticas, llamadas hoy en día ondas "hertzianas" en su honor. Todo lo anterior demostraba que las ondas luminosas no necesitan de un medio como el éter para su propagación pues su verdadero medio de propagación son los campos eléctricos y magnéticos. Esto asestó un duro golpe a la famosa teoría del éter pero no la derrumbó del todo, aún faltaba otro golpe más para romper definitivamente con ella.

2. La polémica acerca del Éter como medio universal

Realmente la teoría electromagnética de Maxwell era lo suficientemente convincente para terminar con la posibilidad de la existencia del éter como algo real y más aún como soporte de las ondas luminosas, pero esta hipótesis estaba tan arraigada en la mente de los físicos del siglo XIX que ni el propio Maxwell se dio cuenta de que su teoría le había dado la estocada final al éter, y murió defendiendo la autenticidad de este hipotético medio. Tal era el modo en que esta hipótesis se había impregnado en la ciencia que la victoria de la electrodinámica de Maxwell fue estimada por sus contemporáneos como un triunfo de la física del éter. Lo anterior era porque el concepto de campo electromagnético no había sido cabalmente comprendido aún y solo se le consideraba una forma de representar geométricamente las líneas de un campo de fuerzas mecánicas propagándose en un medio continuo (el éter). Fue Hertz el primero que renunció a los intentos de dar una interpretación mecánica y gráfica de las ecuaciones de Maxwell, lo expresó mediante las palabras: "La teoría de Maxwell ya nos dio las ecuaciones de Maxwell".

No obstante estas palabras de Hertz se continuaron tejiendo hipótesis y teorías en la base de las cuales seguía estando el éter como soporte universal de las interacciones electromagnéticas. Tal fue así que comenzó una polémica acerca de si el éter era un medio inmóvil o si el mismo podía ser arrastrado por los cuerpos en su movimiento. Esta polémica condujo a numerosos intentos acerca de la electrodinámica de los medios en movimiento. La discusión tomó los cauces de dos tendencias opuestas. Una de ellas era la llamada "electrodinámica de Hertz" y la otra "electrodinámica de Lorentz". Ambas consideraban a todos los procesos electromagnéticos como transformaciones que tienen lugar en el éter sideral que envuelve todo el espacio. La diferencia entre ellas consistía en la movilidad o inmovilidad del éter. Analicemos brevemente cada una de estas teorías.

La teoría de Hertz o del "éter arrastrado" estaba basada en la afirmación de que el éter era arrastrado por los cuerpos durante su movimiento. Así, los fenómenos ópticos en un medio en movimiento transcurren en un éter que se mueve al unísono con el medio y, como consecuencia, las observaciones de este tipo de fenómeno no dan la posibilidad de determinar si realmente se mueve o no. En otras palabras, la teoría de Hertz trasladaba el principio de relatividad de Galileo de la mecánica a la electrodinámica. Pero esta hipótesis estaba en total desacuerdo con uno de los experimentos ópticos más importantes del siglo XIX, el experimento del francés A. Fizeau (1819-1896) realizado por este en 1851. Por la importancia de este ensayo pasemos a ver en qué consistió. Fizeau se proponía determinar por medios interferométricos la velocidad de la luz en determinado medio en movimiento. En este experimento se hacían interferir dos rayos de luz que se propagaban dentro de una corriente de agua, uno de ellos en la misma dirección de la corriente y el otro en dirección contraria. En el caso en que el éter fuera arrastrado por el agua en movimiento, según se desprende de la teoría de Hertz, la velocidad tanto de uno de los rayos como del otro sería la misma con relación al agua e igual a la velocidad de la luz en el agua en reposo. En este experimento se esperaba como resultado un desplazamiento de las franjas de interferencia de ambos rayos, determinada por la diferencia adicional del tiempo de propagación de ambos rayos.

En efecto, se observó el desplazamiento de las franjas de interferencia pero esta correspondía a una diferencia de recorrido de aproximadamente la mitad que la que se predecía en la teoría del éter completamente arrastrado por el medio en movimiento (en este caso el agua).

Por lo tanto el desplazamiento registrado no concordaba con la hipótesis de Hertz, aunque si estaba de acuerdo con una teoría formulada en 1818 por Fresnel que formulaba que el éter era arrastrado parcialmente por los medios en movimiento.

La otra teoría que habíamos mencionado era la del "éter inmóvil" de Lorentz. En esta se partía del supuesto de que el éter es completamente inmóvil y no participa del movimiento de los medios materiales. Por lo tanto, según esta hipótesis, para la electrodinámica y la óptica no se cumple el principio de la relatividad de Galileo, o lo que es lo mismo, el sistema de referencia absoluto (propuesto por Newton) pudiera estar ligado al 'éter inmóvil, pero todos los demás sistemas se diferencian en general de este sistema absoluto. Acorde con esta teoría los experimentos electrodinámicos y ópticos transcurrirían de modo diferente según el sistema de referencia utilizado. De esta forma se podría obtener la velocidad de la luz respecto al éter, o sea la velocidad absoluta tan anisadamente buscada desde los tiempos de Newton. Al quedar el éter inmóvil se desprendía que los cuerpos al moverse dentro de él recibirían un viento de éter (algo similar al viento que recibimos cuando viajamos en una motocicleta) cuya influencia podía conocerse a través de un experimento.

Esta electrodinámica de los medios móviles de Lorentz es parte de su famosa teoría electrónica general, en virtud de la cual todas las propiedades electromagnéticas de la sustancia son condicionadas por la distribución de las cargas eléctricas y por su movimiento dentro del éter inmóvil. La teoría de Lorentz significaba un avance y resolvía una gran cantidad de problemas que presentaban considerables dificultades teóricas.

Tomando en consideración el coeficiente de arrastre del éter, determinado por Fizeau, Lorentz pudo demostrar un teorema general, según el cual el movimiento del sistema de referencia no influye sobre los resultados de los experimentos ópticos del tipo interferencial (tales como el de Fizeau). Lorentz también calculó el margen de error con que se cumple este teorema el cual fue del orden de β^2 donde β es un coeficiente que tiene un valor igual al cociente de la velocidad v con que se mueve el sistema y la velocidad c de la luz en el espacio libre ($\beta = v/c$). Es importante que el lector mantenga en mente el valor del coeficiente β pues más adelante conoceremos su verdadera importancia.

Después de este teorema de Lorentz la escena queda preparada para la realización de uno de los experimentos más importantes en la historia de la física, el experimento de Michelson y Morley, en el cual los investigadores se proponían hallar la velocidad absoluta de un sistema inercial de referencia con relación al éter como sistema absoluto de referencia, o lo que es lo mismo, determinar el antes mencionado viento de éter.

3. El experimento de Michelson-Morley y el derrumbe definitivo del Éter

Albert A. Michelson (1852-1931) y Edward W. Morley (1838-1923) fueron dos avezados físicos experimentadores norteamericanos y el experimento efectuado por ellos está considerado entre los mejores y más finamente diseñados en la historia de la física.

Los experimentadores se proponían la determinación de la velocidad de propagación de la luz en dirección coincidente con la del movimiento de la Tierra, así como en dirección perpendicular a ese movimiento. De este modo Michelson y Morley se proponían demostrar experimentalmente la teoría de Lorentz. A tales efectos diseñaron un interferómetro que fuera capaz de detectar un desplazamiento de las bandas interferenciales hasta del orden de las milésimas del ancho de una de esas bandas. El interferómetro se situó de manera que uno de sus brazos coincidiera con la dirección del movimiento de la Tierra, y el otro permaneciera perpendicular a esa dirección. Al girar el dispositivo 90^0, se esperaba una variación de la imagen interferencial, por lo cual se podría juzgar la intensidad de la influencia del movimiento de la Tierra sobre el experimento y así calcular la velocidad absoluta de este movimiento en el éter (determinación del viento de éter).

El primero de estos experimentos realizado por estos investigadores en 1887 arrojó un resultado negativo pues en él no se observó el esperado desplazamiento de las franjas interferenciales que predecía la teoría de Lorentz o sea, no se pudo detector el viento de éter. Este resultado contradecía la hipótesis del éter inmóvil y podía interpretarse como la demostración de la teoría del arrastre total del éter si no fuera porque esta hipótesis está en contradicción con el experimento de Fizeau lo cual la invalida de antemano. Como el lector se dará cuenta, con este resultado la física de finales del siglo XIX entraba en un aparente callejón sin salida. Debido a lo inesperado del resultado este experimento fue repetido en diferentes ocasiones y usando otras variantes experimentales no solo por los autores sino también por otros investigadores, hecho que se extendió hasta el año 1930, siempre con el mismo resultado (ver la tabla más abajo).

Instalación original del experimento de Michelson – Morley 1887

Todo lo anterior hacía evidente que el éter era ya una hipótesis sin sentido pues se había demostrado que no estaba fijo ni era arrastrado por los cuerpos en su movimiento, incluso en las conclusiones de otros experimentos, como fue el de la aberración de la luz de Bradley (el cual vimos páginas atrás) se obtenían para el éter resultados asombrosos pues por un lado el éter podía penetrar fácilmente los cuerpos y por otro se determinó que la densidad de este medio en los alrededores de la Tierra era enormemente mayor que lejos de ella, a pesar de que la velocidad de la luz era la misma en ambos lugares. Era evidente que el éter estaba muy lleno de contradicciones para ser real. Como dicen los grandes físicos rusos L. Landau y Y. Rumer en su didáctico libro ¿*Qué es la teoría de la relatividad*?: "El concepto de éter podría justificarse como la explicación que daría un salvaje sobre el gramófono diciendo que un espíritu parlante está prisionero dentro de la caja misteriosa". No obstante, resultaba muy difícil para los físicos de aquella época renunciar a la existencia de un medio que había sido aceptado como una verdad irrefutable desde la época de Newton. Por eso no dejaron de seguir apareciendo nuevas hipótesis con la intención de explicar el resultado del experimento de Michelson -Morley sin tener que renunciar a la hipótesis del éter.

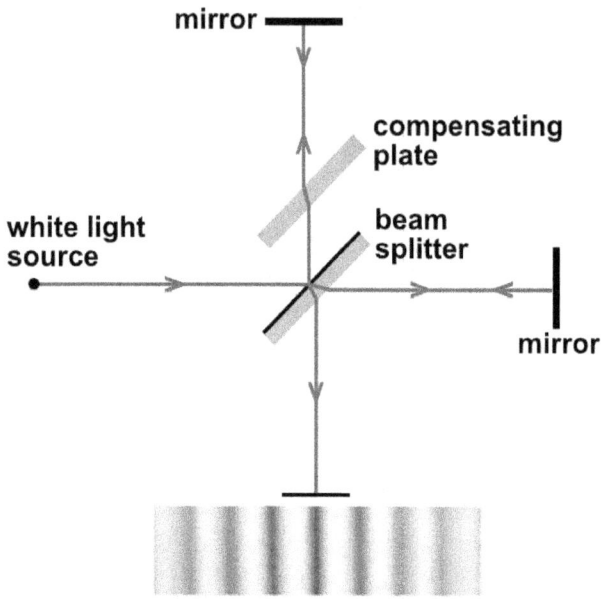

Diagrama esquemático del experimento de Michelson – Morley

Una de estas hipótesis, aunque errada, fue transcendental para la teoría de la relatividad y fue propuesta simultáneamente por el propio Lorentz y por el destacado físico irlandés George F. FitzGerald (1851-1902) entre los años 1892 y 1893 y es conocida como la contracción de Lorentz-FitzGerald. Entonces, esta nueva teoría se planteaba la suposición de que como resultado del movimiento, las dimensiones lineales de todos los cuerpos a lo largo de la dirección de la velocidad con que se mueven, experimentan una reducción (contracción) del orden de $(1- \beta^2)^{1/2}$ (aquí vemos aparecer otra vez el coeficiente β), esta expresión es conocida hoy en día como radical de Lorentz y participa en la inmensa mayoría de las ecuaciones de la teoría de la relatividad. Con esta suposición Lorentz y FitzGerald intentaban explicar por qué no se producía el desplazamiento de las franjas de interferencia en el experimento de Michelson-Morley y trataban de introducir una corrección en las ecuaciones que se obtenían de la teoría inicial de Lorentz de una manera heurística y no poco audaz. De esta manera se explicaba que no se detectaba el viento de éter (lo cual significaba que la velocidad de la luz era independiente de la elección del sistema de referencia) por el simple hecho fenomenológico de que cualquier cambio de la velocidad de la luz debido al movimiento de su fuente se compensaba por la reducción de las dimensiones del brazo del interferómetro que se situaba en la dirección del movimiento.

	Año del experimento	Metros de cada Brazo del Interferómetro L_1 y L_2	Corrimiento de franja predicho	Límite superior del corrimiento observado	Lugar	Pre⟨ v Obse⟨
	1881	1.2	0.4	0.02	Potsdam	50%
rley	1887	11.0	0.4	< 0.01	Cleveland	25%
	1902–1904	32.2	1.13	0.015	Cleveland	1,33%
	1921	32.0	1.12	0.08	Mt. Wilson	7,14%
	1923–1924	32.0	1.12	0.03	Cleveland	2,68%
	1924	32.0	1.12	0.014	Cleveland	1,25%

24	8.6	0.3	0.02	Heidelberg	6%
25–1926	32.0	1.12	0.088	Mt. Wilson	7,86%
26	2.0	0.07	0.002	Pasadena y Mt. Wilson	2,85%
27	2.0	0.07	0.0002	Pasadena	0,285%
27	2.8	0.13	0.006	Mt. Rigi	4,62%
29	25.9	0.9	0.01	Mt. Wilson	1,12%
30	21.0	0.75	0.002	Jena	0,267%

Experimentos realizados desde el año 1881 hasta 1930

• *(A) En el año 1851 ya se había predicho por Fizeau, con motivo del resultado entregado por su "interferómetro" con agua como medio, un resultado que concordaba, más o menos, en un 56,5% con una de las teorías y en un 43,5% con la otra, esto es, con la teoría del éter estático no arrastrado por el agua, y con la del éter arrastrado por el agua.*

• *(B) Michelson y Morley en el año 1887, cuyo "interferómetro" con aire como medio, pudieron obtener una longitud de trayectoria óptica (L1 + L2) de cerca de 22 metros. En ese experimento la longitud de cada brazo del interferómetro fue de 11 metros.*

Hendrik Antoon Lorentz (1853–1928) destacado físico holandés que derivó las ecuaciones de transformación de coordenadas usadas más tarde por Einstein en su relatividad especial.

Como se puede dar cuenta el lector el análisis fenomenológico de estos dos científicos era bastante incompleto y parecía sacado de debajo de la manga, por lo cual le hacía una flaca defensa al éter y no sacaba a la física del bache en que la habían metido las concepciones espacio-temporales del propio Newton, aquel que un día la sacó de los abismos pero que no pudo darle el último empujón. La mayoría de los físicos de la época no quedaron conformes con esta explicación pero ninguno fue lo suficientemente audaz ni creativo para dar el paso hacia el futuro que era necesario para romper definitivamente con el éter y por lo tanto con el tan acariciado sueño de los físicos de un sistema absoluto de referencia. Pero en honor a la verdad, debemos decir que las transformaciones de coordenadas obtenidas por Lorentz y FitzGerald como consecuencia de su teoría significaron un paso de avance y despertaron el interés del gran matemático francés Henry Potincaré (1854-1912) el cual apelando a razonamientos puramente geométricos llegó a las mismas transformaciones de coordenadas pero, como los anteriores, no pudo dar una interpretación física plausible para ellas. En 1912 Lorentz recibió el premio Nobel de Física por su teoría electrónica.

Capítulo V

La magna obra

1. Sobre la Electrodinámica de los cuerpos móviles

1905 fue uno de los más importantes años para las ciencias, baste decir que fue el año en que uno de los genios más descollantes de las ciencias de todos los tiempos irrumpió en la escena científica mundial con un grupo de cinco trabajos fundamentales para la física de principios del siglo XX, uno de los cuales daba a conocer lo que hoy recibe el nombre de **teoría especial de la relatividad**. Estos trabajos fueron publicados por la prestigiosa revista alemana Annalen der Physik (Anales de la Física). El artículo que contenía la teoría de la relatividad no se llamaba exactamente así sino "Sobre la Electrodinámica de los cuerpos móviles". El sabio que escribió este famoso artículo fue un joven físico alemán de veintiséis años de edad y totalmente desconocido en el mundo de la física de esa época llamado Albert Einstein y que trabajaba como especialista en una oficina de patentes en la ciudad de Berna, Suiza.

Albert Einstein había nacido el 14 de marzo de 1879 en la pequeña ciudad de Ulm, unida pocos años antes a la nueva República Alemana, en el seno de una familia judía. Se graduó de Física y Matemática en el Politécnico de Zúrich en 1900. Cinco años más tarde había concluido cinco investigaciones sobre la misma cantidad de temas neurálgicos para la física de aquella época, entre ellos el trabajo que dio a la luz la teoría de la relatividad. Paradójicamente, el editor de la revista *Analen der Physik* se mostró entusiasmado con cuatro de los artículos, pero rechazó el que contenía la teoría de la relatividad pues pensaba que no revestía importancia en aquel momento. Einstein le planteó que o publicaba todos los trabajos o no publicaba ninguno, de modo que el editor accedió a publicar todos los trabajos. Uno de aquellos trabajos—La teoría sobre el Efecto Fotoeléctrico— le valió para recibir el premio Nobel de Física en 1921.

La pregunta que la mayoría de las personas se hacen es la siguiente: ¿cómo es posible que un joven graduado universitario totalmente desconocido para el mundo científico de su época haya podido resolver de una manera tan elegante y nada ortodoxa uno de los enigmas más serios con que se enfrentaba la física de principios del siglo XX? Sin lugar a dudas, que parecía imposible que un ilustre desconocido, como lo era Einstein en ese momento, entrara en la galería de los grandes resolviendo un problema que los propios grandes habían sido incapaces de lograr. Esta pregunta podría ser respondida quizás por los psicólogos o los sociólogos que se ocupan de estudiar el intelecto humano y su comportamiento en la sociedad, pero este autor— que no pertenece a ninguna de las dos clases de especialistas antes mencionados— les puede decir que este caso no ha sido único en la historia de las ciencias. El gran matemático francés Evaristo Galois (1811-1832) murió a los 21 años habiendo dejado echadas las bases del álgebra moderna. El propio Isaac Newton ya había descubierto sus leyes de la mecánica y la teoría de la gravitación a los 22 años. Pensamos que en todo esto no hay ningún misterio como no sea el propio misterio de la juventud que nos llena la cabeza de pájaros y el alma de audacia, claro está, a unos más que a otros.

Tanto la teoría fundada por Newton como la fundada por Einstein necesitaban de esa audacia medio loca que invade la mente de los jóvenes, pues en ambos casos era necesaria una ruptura con los cánones establecidos en sus respectivas épocas. A la luz de lo que hemos analizado en este libro la obra de Einstein y la de Newton tienen una cosa en común, ambas teorías salieron airosas sin establecer ningún tipo de modelo cinético de la materia, es más, se puede decir que triunfaron porque rompieron con los modelos cinéticos existentes para explicar fenómenos que realmente no los necesitaban. Estos dos grandes rompieron con los conceptos filosóficos que reinaban en la física en sus respectivas épocas y se convirtieron en representantes de una nueva filosofía en el campo de la física.

Cuando el 30 de junio de 1905 Einstein envió su famoso trabajo a la revista *Analen der Physik* para su publicación, había otros dos científicos que rondaban la resolución del problema. Un año antes, en 1904, Lorentz publica su importante trabajo *"Fenómenos electromagnéticos en un sistema que se mueve a cualquier velocidad inferior a la velocidad de la luz"*. Hoy muchos historiadores de las ciencias consideran que en este trabajo quedaba explicado de una manera fenomenológica, hasta cierto punto, el resultado negativo del experimento de Michelson -Morley y todas las consecuencias que esto acarreaba. Se puede decir que el problema desde un punto de vista práctico estaba resuelto pero, como ya hemos dicho, la explicación seguía lastrada por un pragmatismo demasiado clásico el cual no permitía descubrir la esencia de los fenómenos que explicaba.

En este trabajo Lorentz llegó a un sistema de transformaciones de las coordenadas y del tiempo que eran completamente ciertas, pero que su propia visión de los resultados observados no le permitía generalizarlos a todos los fenómenos de la física. En las ideas de Lorentz era evidente que había un divorcio entre la forma de enfocar los fenómenos mecánicos y los fenómenos electromagnéticos, a tal punto que él planteaba que los fenómenos mecánicos cumplían con las transformaciones de coordenadas de Galileo, única y exclusivamente, mientras que los fenómenos electromagnéticos, cuyas ecuaciones de Maxwell se sabía que no eran co-variantes ante las transformaciones de Galileo, cumplían con las transformaciones obtenidas por él.

A primera vista, era evidente que algo andaba mal en la interpretación que daba Lorentz a los últimos resultados experimentales de la electrodinámica pues la unidad de la naturaleza de los hechos físicos era bastante evidente en esa época para tratar de resolver algún problema estableciendo una separación entre el comportamiento de los fenómenos mecánicos y los electromagnéticos (esto quizás nos recuerde el modo en que Aristóteles resolvió los problemas dinámicos en su época separando la materia celeste de la terrestre por su comportamiento).

Por otro lado, un año más tarde, el 23 de julio de 1905, casi un mes después de haber Einstein enviado su trabajo para publicación, Henrry Potincaré enviaba su no menos famoso trabajo "Sobre la dinámica del electrón" a una revista italiana de Matemáticas. En este artículo Potincaré se apoyaba en el trabajo de Lorentz y trató de darle solidez matemática al mismo. Él llega a las mismas ecuaciones de transformación de coordenadas que Lorentz. De este modo el gran matemático francés logra establecer la base de lo que fue posteriormente el instrumental matemático de la teoría especial de la relatividad. Potincaré fue más allá de Lorentz. Él era en esencia un filósofo interesado en el significado profundo de las cosas. De esta forma llegó a interpretar la teoría de Lorentz en términos de un Principio de la Relatividad según el cual ningún experimento mecánico ni electromagnético puede diferenciar entre un estado de movimiento uniforme y el estado de reposo. De esto se puede ver que Potincaré estuvo mucho más cerca de la teoría de la relatividad que Lorentz, pero no lo supera demasiado en lo que a una certera interpretación física se refiere. Potincaré logra llegar a una ecuación de la densidad de energía de radiación electromagnética muy parecida a la famosa ecuación de la relatividad de Einstein ($E = mc^2$) pero falla en su interpretación al considerar a la radiación electromagnética emitida como un "fluido ficticio" (que otro fluido podía ser que el éter), cosa esta que lo deja mucho más cerca de la teoría del éter que de la teoría de la relatividad.

Como hemos podido ver no era solo Einstein quien le pisaba los talones a la teoría de la relatividad pero, como veremos, fue él el único que verdaderamente descorrió el velo detrás del cual se ocultaba la verdadera física de los fenómenos electrodinámicos en los cuerpos móviles e incluso, fue más allá cuando generalizó los efectos de contracción de la longitud, la dilatación del tiempo y el aumento de la masa, descubiertos por Lorentz y FitzGerald, a todo cuerpo en movimiento aun cuando este no estuviera cargado. En la teoría de la relatividad de Albert Einstein, la teoría electrónica de Lorentz fue superada ampliamente y los fenómenos que en esta última se describían con un carácter fenomenológico limitado fueron generalizados y colocados a modo de corolarios de una teoría muy superior desde el punto de vista científico.

Pero, ¿qué fue lo que hizo que Einstein pudiera ir más allá que sus contemporáneos? Einstein gozaba de una intuición fuera de lo común, que, según plantea Walter Isaacson en su libro "Einstein. Su Vida y su Universo", estaba "basada en una década de experiencias personales e intelectuales, así como de un profundo conocimiento y entendimiento de la física teórica. Él también se apoyó en su gran habilidad para visualizar experimentos mentales. Por otro lado estaba muy permeado del escepticismo filosófico de Hume y Mach, y este escepticismo era aún mayor en él debido a su natural tendencia a cuestionar la autoridad". El propio Einstein dijo: "Una nueva idea viene de pronto y en una forma más bien intuitiva, pero la intuición no es más que el producto de la más temprana experiencia intelectual".

El desarrollo de la física había llegado a un punto tal a finales del siglo XIX que se había alejado lo suficientemente de sus principios y conceptos básicos iniciales tales como los conceptos de espacio, tiempo, y simultaneidad de los eventos. Estos habían sido considerados como conceptos primarios de forma similar a como la geometría consideraba el concepto de punto geométrico. En las postrimerías del mencionado siglo los físicos no se habían percatado de que nadie se había preocupado jamás por establecer una definición de tiempo, nadie se había detenido a pensar en cómo establecer un procedimiento físico único para determinar esta magnitud física tan importante. El único en darse cuenta de esto fue Einstein y esto le dio la capacidad de desarrollar una teoría coherente. El comienza el artículo en el que expone su teoría especial de la relatividad analizando la asimetría que aparece en las leyes de la electrodinámica al tratar de explicar el fenómeno de la inducción electromagnética desde dos sistemas inerciales de referencia, uno en reposo respecto a un imán permanente y otro en reposo respecto al conductor por el que circula una corriente y el cual se mueve con velocidad constante respecto al imán. Aquí Einstein se percata de la necesidad de establecer un invariante físico que le permitiera usarlo como uno de los fundamentos esenciales de su teoría. En su teoría Lorentz había intentado hacer lo mismo pero se decidió por el invariante equivocado, el éter. Por el contrario, Einstein al hurgar en los resultados del experimento de Michelson-Morley encontró el invariante buscado, la piedra angular de su teoría.

Él se dio clara cuenta del verdadero resultado de este experimento. El verdadero mensaje que había enviado dicho experimento a la comunidad científica era que la velocidad de la luz en el espacio libre era la misma en todas direcciones independientemente del movimiento de la fuente que la emitía. Esta sencilla y a la vez brillante conclusión fue elevada por Einstein a la categoría de postulado en su nueva teoría y desde ese momento la velocidad de la luz en el vacío fue considerada una constante universal (o lo que es lo mismo, un invariante). De esta forma quedaba establecido uno de los principales invariantes de la física moderna. A partir de aquí Einstein plantea que el éter como sistema absoluto de referencia no tiene existencia real pero que, además no hay ninguna necesidad de establecer un sistema privilegiado (absoluto) de referencia con respecto al cual analizar el movimiento de los cuerpos. El haber llegado a la anterior conclusión le permitió a Einstein arribar a un Segundo postulado para su teoría, que todos los sistemas inerciales de referencia (sistemas que se mueven unos con respecto a otros a una velocidad constante) son físicamente equivalentes. Con esto Einstein generalizaba el principio de relatividad de

Galileo a todos los fenómenos físicos, ya fuesen mecánicos o electromagnéticos. De este modo este brillante joven de apenas 26 años establecía los dos postulados básicos de la teoría de la relatividad:

1. La velocidad de la luz en el vacío (c = 300,000 kilómetros/segundos) es una constante y no depende de la velocidad del sistema de referencia que se use para medirla.

2. Todos los sistemas inerciales de referencia son físicamente equivalentes.

Como ya hemos dicho quedaba algo más que aclarar, pues para poder referirse a los distintos sucesos en los diferentes sistemas inerciales de referencia era necesario tener en cuenta el tiempo y las coordenadas espaciales en función del propio tiempo de cada uno de estos eventos. Para lo anterior se precisaba de una metodología experimental sencilla y sin ambigüedades que permitiera hacer una medición lo más exacta posible del tiempo. En su famoso trabajo inicial sobre la relatividad Einstein discurrió que para hablar del tiempo es necesario definir claramente lo que se entiende por esa magnitud, pero a su vez se da cuenta de que todos los juicios en los que el tiempo entra a jugar un papel son siempre juicios acerca de sucesos simultáneos. Él planteó lo siguiente: "La colocación de la aguja pequeña de mi reloj en el siete y la llegada del tren a la estación son sucesos simultáneos". A partir de ese momento pasa a hacer un profundo análisis de la simultaneidad de dos sucesos con el ánimo de establecer una definición de tiempo que sirva no solo para caracterizar a un suceso determinado en un determinado sistema de referencia en el que el reloj con que vamos a medir el tiempo se encuentra en reposo, sino que también nos permita conectar en el tiempo varios acontecimientos ocurridos en diferentes lugares alejados del reloj en cuestión. De esta forma, y a través de la realización de varios experimentos mentales (recordemos que Einstein era un físico teórico) dignos solamente de un genio de su talla, él llega a las siguientes conclusiones:

1. Si un reloj situado en un punto B está sincronizado con un reloj situado en un punto A, entonces este último está sincronizado con el reloj en B.

2. Si el reloj en A está sincronizado con el reloj en B y también con otro reloj en un punto C, entonces los relojes en B y C están también sincronizados entre sí.

De las anteriores conclusiones, Einstein llega a la siguiente definición de tiempo: "El tiempo de un suceso es el que simultáneamente con él viene dado por un reloj estacionario situado en el lugar del suceso, estando este sincronizado, y continuando sincronizado durante todas las determinaciones de tiempos, con un reloj estacionario especificado".

Después de haber dado esta definición de tiempo y con la ayuda de los dos postulados básicos de la relatividad establecidos anteriormente, lleva a cabo algunos experimentos mentales usando observadores situados en diferentes trenes en movimiento a velocidades constantes con relación a un observador situado en reposo sobre el andén, con el objetivo de medir la longitud de una varilla desde dos sistemas inerciales de referencia que se mueven con una velocidad relativa **v** en uno de los cuales la varilla se encuentra en reposo. De esta forma llega a la siguiente conclusión: "No es posible asignar una significación absoluta al concepto de simultaneidad pues dos sucesos que vistos desde un sistema de coordenadas son simultáneos puede que no lo sean cuando se les observa desde otro sistema en movimiento relativo respecto al anterior ".

En este punto ya Einstein tiene prácticamente elaborada la parte formal y básica de su teoría y de aquí en adelante, y a través de un análisis puramente electrodinámico y apoyándose en los postulados establecidos, obtiene a modo de corolarios de su teoría resultados que, de una forma heurística, como ya hemos visto, ya habían obtenido Lorentz y FitzGerald. Entre estos resultados se encuentran las transformaciones de coordenadas para pasar de un sistema de referencia inercial a otro, la expresión para el fenómeno de contracción de la longitud, la expresión para el fenómeno de la dilatación del tiempo, y la expresión relativista de la masa de los cuerpos. No incluimos estas ecuaciones en nuestro relato pues no queremos abrumar al lector con expresiones matemáticas que a estas alturas del relato poco aportan y además que el lector interesado en profundizar puede encontrar en cualquier texto de física general en el capítulo dedicado a la teoría de la relatividad especial.

La diferencia entre los resultados obtenidos por Einstein, Lorentz, FitzGerald y Potincaré no está en la forma de las ecuaciones que es exactamente la misma, sino en la interpretación del contenido de estas y en el hecho de que Einstein obtiene las ecuaciones de una manera natural después de haber interpretado correctamente los resultados del experimento de Michelson –Morley y de haberse dado cuenta que el éter no tenía cabida en la física. Los primeros por su lado habían planteado que los efectos observados en el experimento de Michelson-Morley se producían solo cuando los cuerpos se mueven con relación al éter inmóvil. Por otro lado Einstein especificaba que todos esos efectos tenían lugar cuando los fenómenos eran observados desde diferentes sistemas de referencia los cuales se movían unos respecto a los otros con velocidades constantes.

¿Cuál de estos dos criterios estaba en lo cierto? Esta interrogante trataremos de responderla en el próximo apartado.

2. Relatividad contra Éter

No era fácil para los físicos y matemáticos de la época dar la razón a uno u otro autor pues el escepticismo reinante a principios del siglo XX era grande en relación a las nuevas ideas de la física. Para que el lector pueda entender cuán difícil era introducir en aquellos tiempos una nueva teoría física que rompiera con los esquemas establecidos por la física clásica baste decir que un científico del prestigio del británico William Thomson (Lord Kelvin) (1824-1907), quien era uno de los grandes iconos de la física de finales del siglo XIX, había declarado en el discurso de despedida del siglo, el 31 de diciembre de 1899 en la Royal Society, que "...el edificio de la física está totalmente acabado y las nuevas generaciones de físicos solo tienen que darle los retoques finales y ocuparse después de sus aplicaciones a la técnica". Sin dudas que esa sentencia de Kelvin constituía un gran punto de apoyo en la actitud de todos aquellos físicos y matemáticos que se aferraban tercamente al influjo seductor que ejercía la aparente armonía, la simetría y la belleza de las ecuaciones de la física clásica.

No era fácil romper de golpe y porrazo con una forma de pensar que había predominado en la física por más de 200 años. Por esta razón las ideas revolucionarias de Lorentz, FitzGerald, Potincaré y Einstein eran acogidas con recelo por la comunidad científica de principios del siglo XX. Se puede decir que tanto las ideas de Einstein como las de Lorentz introducían formas de pensar nuevas y bastante fantásticas para la época.

Por un lado Lorentz hablaba en sus trabajos de variaciones en la longitud de los objetos así como también de la masa de los mismos y del tiempo cuando estos se movían en relación al éter. Einstein por su parte, de una forma más audaz, había roto con el éter y planteaba que las variaciones que se producían en las mencionadas magnitudes se observan desde cualquier sistema inercial de referencia moviéndose con velocidad constante respecto al sistema donde el suceso físico está en reposo. A la larga fueron las ideas de Einstein las que se impusieron, no por simpatía sino porque fueron comprobadas en la práctica a lo largo de todos estos años. En un inicio fue más fácilmente aceptada la interpretación de Lorentz que la de Einstein y esto hasta cierto punto era lógico pues al menos conservaba el principio de un sistema de referencia privilegiado respecto al cual establecer la "verdadera longitud", la "verdadera masa", la "verdadera velocidad de los cuerpos", así como el "verdadero intervalo de tiempo" que duraban los sucesos pues esto estaba mucho más acorde con el determinismo de la física clásica.

Sin embargo, las ideas que planteaba Einstein eran mucho más difíciles de comprender y de aceptar. Era muy duro para la filosofía de la física en aquella época aceptar que un cuerpo podía tener tantas masas, tantas velocidades y tantas longitudes como sistemas de referencia inerciales con velocidades diferentes existieran. ¿Cuál era entonces el intervalo de tiempo real en el que transcurría un suceso si desde cada sistemas de referencia se observaba un intervalo diferente? (O sea el tiempo transcurría de una manera diferente en cada sistema de referencia con una velocidad distinta). Era evidente en todo esto que, no sólo la física sino también la filosofía de principios del siglo XX necesitaban ser revisadas a la luz de estos nuevos conceptos.

Las ideas de Einstein expuestas en su obra: *Sobre la electrodinámica de los cuerpos móviles,* eran claras aunque muchos piensen todavía lo contrario, solo que la física y la filosofía de aquel tiempo no estaban preparadas aún para recibir el impacto que las mismas produjeron. Einstein había dejado bien claro en su obra que la magnitud real era la medida en el sistema de referencia respecto al cual el objeto o suceso está en reposo. Cabe ahora hacerse la pregunta: ¿cómo pueden, entonces, interpretarse los demás resultados observados desde otros sistemas inerciales de referencia en movimiento con relación al anterior? La explicación radica en la diferencia entre lo que se conoce como un suceso real y uno objetivo. Veamos, un suceso puede ser observado por diferentes sujetos (observadores), supongamos que uno de los sujetos se encuentra en reposo respecto al sistema de referencia respecto al cual el suceso también se encuentra en reposo, por tanto ambos se encuentran sometidos a las mismas condiciones. En este caso el sujeto u observador percibe al suceso como real. Sin embargo, para el observador que se encuentra en reposo respecto a un sistema de referencia que se mueve con una velocidad diferente respecto al sistema donde el suceso está en reposo, el suceso se encuentra sometido a condiciones diferentes a las de él. Por lo tanto este último observador percibe al suceso como algo aparente pero para él no deja de ser objetivo puesto que es capaz de observarlo (medirlo). De modo que para este observador a pesar de que el suceso no es real (es sólo aparente) no deja de ser objetivo. De esta manera se puede comprender que un fenómeno o suceso que sea aparente no tiene por qué dejar de ser objetivo (o sea observable, medible) aunque la medición arroje un resultado diferente a la realizada en el sistema donde el suceso ocurre de forma real.

Lo explicado anteriormente es lo que ocurre cuando Einstein plantea que las diferentes magnitudes tales como la longitud, la masa y el intervalo de tiempo varían según el sistema de referencia desde el cual se observan, aunque la única medición real es la realizada, como ya dijimos, en el sistema en el cual el suceso o fenómeno está ocurriendo en reposo.

A la luz de los inobjetables éxitos de la teoría de la relatividad, la mecánica cuántica y otras ramas de la física del siglo XX, las ciencias físicas y la filosofía tuvieron que aceptar un sencillo pero renovador principio: "Lo aparente no tiene por qué no ser objetivo". Me atrevería a asegurar que en esta simple y a la vez profunda sentencia radica la diferencia entre las interpretaciones dadas por Lorentz y las dadas por Einstein a los fenómenos de la electrodinámica de los cuerpos móviles. Es, en esencia, la diferencia entre determinismo y relativismo filosóficos.

Pero seamos justos con los físicos y matemáticos de finales del siglo XIX y principios de XX y pongámonos en su lugar para poder tener una idea cabal de la conmoción que produjo en ellos la interpretación de Einstein del experimento de Michelson-Morley. Suponga que usted es un científico serio de aquella época que realiza una serie de mediciones con sus instrumentos y sus sentidos bien ajustados y que usted obtenga como resultado que las mediciones que ha realizado desde un sistema de referencia inercial en movimiento con relación al sistema inercial donde se encuentra en reposo el fenómeno observado no coinciden con las mediciones realizadas por un observador en reposo respecto al evento en cuestión. ¿Qué pensaría usted al respecto? ¿Cuál de las dos mediciones es la correcta? ¿Son reales ambas o es una real y la otra no? Usted se podrá dar cuenta de que las ciencias de aquel tiempo no estaban preparadas para responder a estas preguntas sin antes producir uno de los partos más traumáticos de la historia de la ciencia. Tratemos de dar una respuesta asequible a las preguntas anteriores usando un ejemplo <<que no por viejo es menos ilustrativo>>. Cuando antiguamente los astrónomos observaban y registraban los movimientos planetarios en la bóveda celeste, parecía como si estos se moviesen según lazos cerrados o abiertos (remito al lector a los apartados 6, 7 y 8 del capítulo II de este libro). Esto, evidentemente, no es un efecto subjetivo que depende del propio observador sino del sistema de referencia desde el cual él realiza la observación, en este caso la Tierra. Este es realmente un efecto objetivo puesto que la forma tan complicada de la curva descrita por los planetas cuando se registran desde la Tierra, según Copérnico, es el resultado del movimiento de los planetas alrededor del Sol afectado por el propio movimiento de la Tierra también alrededor del Sol.

Es indudable la influencia objetiva que tiene sobre la información obtenida el estado de movimiento del sistema donde el observador se encuentra en reposo, y esto queda completamente de manifiesto en la teoría de la relatividad. Pero como ya dijimos no podemos confundir lo que es objetivo con lo que es completamente real y para ilustrar esto usemos el ejemplo que nos ofrece otro importante experimento.

Uno de los hechos experimentales que ha demostrado la veracidad de la teoría de la relatividad es el aumento de la masa que sufren los electrones cuando son fuertemente acelerados por los campos de fuerza de los modernos aceleradores de partículas. Este aumento de la masa de los electrones es un hecho completamente real. Los electrones son fuertemente acelerados bajo la acción de un fuerte campo electromagnético y adquieren un movimiento acelerado con respecto a un sistema de referencia fijo al propio acelerador, al cual llamaremos "sistema del laboratorio". Al cambiar la velocidad de los electrones en el tiempo con respecto al sistema del laboratorio por medio de la acción física real del mencionado campo electromagnético del acelerador, los electrones sufren un aumento sustancial de su masa. Pero supongamos que la observación la hacemos ahora desde otro sistema inercial de referencia el cual se mueve con una velocidad **v** determinada respecto al sistema del laboratorio. En este caso obtendremos como resultado un cambio de masa diferente del obtenido usando el sistema de laboratorio. Este nuevo cambio de la masa de los electrones es, sin lugar a dudas, objetivo puesto que su determinación es debida a una medición bien realizada pero, a la vez, no es real puesto que no se produce gracias al cambio de velocidad de los electrones debido a un campo de fuerzas determinado sino que se ha producido por un simple cambio de sistema inercial de referencia desde el cual se observa el fenómeno. Por supuesto que este cambio de sistema no introduce ningún cambio en el campo de fuerzas electromagnéticas que es la causa real del cambio de la velocidad de los electrones en el tiempo en el sistema del laboratorio. Este ejemplo demuestra que para empezar a entender la teoría de la relatividad es necesario empezar por aprender a diferenciar entre los cambios producidos en un sistema físico determinado por causas dinámicas (por ejemplo, la acción de un campo de fuerzas) y los cambios que se producen por razones puramente cinemáticas (tales como un sencillo cambio de sistema de referencia desde dónde observar el hecho físico).

Lo anterior explica por qué, aunque aparentemente, un cuerpo puede tener tantas masas y tantas longitudes en la dirección del movimiento como sistemas inerciales de referencia puedan existir (infinitos) solo una de estas masas y solo una de estas longitudes es la real, la que se mide en el sistema en el que el cuerpo está en reposo antes de recibir la acción externa, o sea en el sistema en que el campo de fuerzas que produce esta acción está en reposo. Y lo mismo ocurre con los intervalos de tiempo.

El no haber entendido todo esto llevó a muchos a pensar que lo que ocurría con la masa de los electrones en el acelerador antes mencionado era una demostración evidente de la tesis de Lorentz que consideraba que los cambios en las mencionadas magnitudes físicas se debían al movimiento de los cuerpos con relación al éter al cual la Tierra se consideraba fija por no haberse registrado el buscado viento de éter en el experimento de Michelson-Morley. Años más tarde se realizaron muchos otros experimentos que probaron las tesis de Einstein. Uno de estos fue el realizado en 1952 por los investigadores R.P. Durbin, H.H. Loar y W.W. Havens, jr. Informado en un artículo aparecido en la revista *Pyisics Review*. Ellos se basaron en el hecho de que la dilatación del tiempo predicha por la teoría de la relatividad podía ser medida en experimentos de tiempo de vida de partículas inestables. Según esta teoría cualquier proceso periódico puede ser considerado como un reloj, también los tiempos de vida de partículas inestables como son los muones (determinado tipo de partículas que se forman en las capas más altas de la atmósfera) son afectados, tal que estos muones en movimiento deberían tener un tiempo de vida más largo que el de los muones en reposo. Los mencionados investigadores confirmaron que este efecto tenía lugar en la atmósfera de la Tierra. Ellos midieron muones viajando en la atmósfera a una velocidad 99.94% de la velocidad de la luz. Si el fenómeno de dilatación del tiempo no tuviese lugar, los muones deberían desintegrarse en los lugares más altos de la atmósfera, sin embargo, como consecuencia de la dilatación del tiempo, ellos pudieron registrar gran cantidad de estas partículas en regiones mucho más bajas de la atmósfera, cercanas a la superficie de la Tierra. Este experimento demostró que el fenómeno de dilatación del tiempo es un suceso real (como lo entendió Einstein) y no un simple artificio con que corregir los resultados del experimento de Michelson-Morley como creyeron Lorentz, FitzGerald   y   Potincaré.

3. El Problema de la Masa y la Energía en la Teoría de la Relatividad

En el Capítulo III, apartado 2 estuvimos analizando las distintas interpretaciones que se habían hecho del concepto de masa en la física pre-relativista. En ese apartado vimos las dos tendencias fundamentales. Una de ellas consideraba a la masa como una medida de la cantidad de materia contenida en un cuerpo y la otra la consideraba como una medida de la inercia. Después de algunos períodos de tiempo en los cuales se imponían alternativamente los triunfos de una u otra interpretación habíamos detenido nuestro análisis en el momento en que se comprueba experimentalmente la predicción de Lorentz sobre el cambio que sufre la masa de los cuerpos en movimiento. Este resultado hace que se desaten nuevamente las polémicas en torno al concepto de masa y su relación con la materia y el movimiento. Pero en el propio año de 1905 (el 27 de septiembre) aparece publicado en la revista Annalen der Physics otro trabajo de Einstein que, se pudiera decir, completa las ideas relativistas expuestas en su primer trabajo sobre esta teoría. Este nuevo trabajo fue publicado con el título de "¿Depende la inercia de un cuerpo de la energía que contiene?", y en él Einstein mostraba al mundo la que se ha convertido en la ecuación más famosa de la física. Esta ecuación relacionaba a la masa de un cuerpo con su energía de la siguiente forma: $E = m \, c^2$. En ella la E representa la energía, **m** representa la masa y **c** la velocidad de la luz en el espacio libre.

En esta ecuación se ponía al descubierto la estrecha relación que existe entre la masa de un cuerpo y la energía de este en toda su extensión. En ese mismo trabajo Einstein demuestra la existencia de una energía en reposo que contienen todos los cuerpos y de la cual, hasta ese momento, los físicos no se habían percatado. La energía en reposo viene expresada por una fórmula similar a la anterior pero en lugar de la masa del cuerpo en cualquier estado de movimiento del mismo, se usa la masa del cuerpo medida desde un sistema de referencia donde el cuerpo está en reposo. A esta masa se le llamó "masa en reposo" y se le denota por m_0. Así la energía en reposo se puede expresar como:

$$E = m_0 \, c^2.$$ La principal implicación que tiene este descubrimiento es que demuestra brillantemente que la materia se encuentra en constante movimiento, a pesar de que el cuerpo que la contiene permanezca en estado de reposo como un todo. Este movimiento queda establecido como un atributo inseparable de la materia, constituyendo, al igual que el espacio y el tiempo, una forma de existencia de la misma, lo cual quiere decir que la materia sólo puede existir en movimiento, en el espacio y en el tiempo.

Pero, ¿cómo interpretar la masa a la luz de estos nuevos resultados? ¿Es realmente la masa una medida de la inercia (en fin del movimiento) o de la cantidad de materia? No ha sido fácil para los físicos ponerse de acuerdo en esto y aún en nuestros días es motivo de discusión casi a diario en los más elevados círculos de la física y la filosofía de las ciencias.

En las siguientes líneas trataremos de aclarar la pugna entre estas dos interpretaciones y en caso que nuestro intento no sea suficiente sabemos que siempre dejaremos una puerta abierta a la discusión y a las posibilidades de que el lector pueda hacerse de sus propias opiniones al respecto.

En el momento en que Albert Einstein lanza al mundo su famosa ecuación no existía ninguna prueba experimental de que la misma se cumpliese e, incluso, hubo que esperar unos cuantos años para que en la década del 30 del siglo XX se descubriese el fenómeno de fisión nuclear el cual consiste en que un núcleo de un material pesado al fisionarse da lugar a dos nuevos núcleos y al desprendimiento de una enorme cantidad de energía. Esta energía aparece debido a que la suma de las masas de los nuevos núcleos es más pequeña que la masa total del núcleo madre. Si se multiplica esa diferencia de masa (también llamada defecto de masa) por el cuadrado de la velocidad de la luz en el vacío, ese valor coincide con la energía desprendida en el proceso ($\Delta E = \Delta m \ c^2$). De esta forma la fórmula de Einstein que relaciona a la masa con la energía se vio comprobada en la práctica.

Muchos físicos han entendido este fenómeno como una transformación de masa en energía pero en realidad la masa y la energía, a pesar de estar estrechamente relacionadas, son dos magnitudes físicas diferentes. Del anterior proceso de fisión nuclear es más correcto hablar de una transformación de la materia. En dicho proceso una parte de la materia que se encontraba en forma de sustancia se transforma en otra forma de materia conocida como campo que se manifiesta en forma de energía radiante. Debemos decir que esa forma de materia conocida como sustancia es la que nosotros conocemos que se puede encontrar en cualquiera de los tres estados conocidos: sólido, líquido y gaseoso, y, aunque posee energía, la principal magnitud que la caracteriza es la masa; por otro lado, la forma de materia conocida como campo, la cual viene dada por cualquier tipo de campo físico tales como el campo electromagnético, el campo gravitatorio, etc. y se puede manifestar en forma de algún tipo de radiación ya sea visible como la luz blanca o no visible como la luz infrarroja, la luz ultravioleta, la radiación gamma, los rayos X o alguna otra. Esta forma de materia posee una masa en movimiento muy pequeña y masa cero en reposo, y la principal magnitud que la caracteriza es la energía.

Teniendo en cuenta el anterior fenómeno de fisión nuclear volvamos al fenómeno del aumento de la masa que sufren los electrones cuando son fuertemente acelerados por los campos de fuerza de los modernos aceleradores de partículas (analizado en el numeral anterior de este capítulo) que prueba la validez de la ecuación relativista de la energía pero que además puede llevarnos a un apropiado concepto de masa. En los aceleradores de electrones estos son fuertemente acelerados por potentes campos electromagnéticos. Estas partículas aceleradas de esta forma logran alcanzar velocidades enormes cercanas a la velocidad de la luz, debido a lo cual la masa de las mismas se ve altamente incrementada. Cuando estos electrones adquieren una velocidad y una masa lo suficientemente altas son capaces de emitir fotones o cuantos de luz de altísima frecuencia y energía. Esta energía es de una magnitud tal que es capaz, a su vez, de generar una gran cantidad de pares electrón-positrón (el positrón es la antipartícula del electrón). Se ha demostrado que la suma de las masas en reposo de todas estas partículas producidas de esta manera coincide con el incremento que sufrió la masa del electrón que al ser acelerado en el dispositivo dio lugar a todas ellas. Este fenómeno es conocido como "multiplicación del llamado componente suave mediante chaparrones" y fue descubierto por el académico ruso D. V. Scobeltsin en 1929. Este fenómeno solo se puede producir cuando el electrón varía su velocidad respecto al sistema del acelerador y no por simple cambio en el sistema de referencia desde el cual se observan estas partículas y pone de manifiesto que las partículas con grandes energías (grandes velocidades) poseen otras propiedades que no tienen las partículas a baja velocidad. El fenómeno anterior también se observa durante los movimientos de las partículas elementales a grandes velocidades a través de la atmósfera.

A continuación tratemos de descubrir mediante un análisis físico el verdadero mecanismo de transformación material que tiene lugar en este fenómeno. La aceleración del electrón "madre" respecto al sistema del acelerador se produce debido a un trabajo que realizan sobre él las fuerzas electromagnéticas. Este trabajo es el mecanismo mediante el cual el campo electromagnético del acelerador le transmite energía al electrón (intercambia fotones con el electrón), el cual al recibir esta energía sufre un incremento de su masa. A pesar de lo anterior lo que ha ocurrido verdaderamente no es una conversión de energía en masa sino una transformación de una forma de materia (el campo electromagnético que provee la energía) en otra forma de materia (la sustancia de la que está compuesto el electrón en movimiento). De aquí se ve que el electrón ha sufrido un aumento de su cantidad de materia.

Resultan muy interesantes las palabras del físico ruso I. V. Kuznietsov al intervenir en una discusión filosófica que tuvo lugar en Kiev en 1954 dedicada a analizar las cuestiones filosóficas de la física moderna. Él planteó que en todos los procesos de transformación recíproca de partículas elementales de la materia se cumple rigurosamente la ley de conservación de la masa. En este caso la partícula veloz que se considera, ha generado un chaparrón de electrones y positrones de modo que las velocidades de estos últimos en un mismo sistema de referencia sean muy pequeñas, así pues sus masas serán iguales a sus masas en reposo la cual es una magnitud invariante; entonces, de la ley de conservación de la masa se deduce que la suma de las masas de las partículas de un chaparrón es igual a la masa complementaria que adquirió la partícula inicial (el electrón) del campo electromagnético del acelerador por lo cual se ve que esta masa es real y no ficticia o debido a un efecto de carácter cinemático con relación a un determinado sistema de referencia.

A la luz de todo el análisis anterior podemos ahora tener una idea más clara de lo que es realmente la masa como una medida de la cantidad de materia pero que no solo depende de la cantidad de esta, contenida solo en el cuerpo en cuestión sino también del estado de movimiento de este. De aquí se ve que la materia no se puede aislar de su estado de movimiento lo que prueba, hasta cierto punto, que el movimiento es una de las formas de existencia de la materia. Esto nunca se hubiera podido determinar si no hubiera aparecido la Teoría de la Relatividad.

4. Aparición de la categoría física "espacio-tiempo"

En el apartado 1 del capítulo IV analizamos lo que se puede considerar una polémica de carácter histórico-científico acerca de la verdadera fuente que dio origen a la teoría especial de la relatividad. En aquel momento dijimos que había algunos historiadores de las ciencias que estimaban como fuente esencial la teoría electromagnética de Faraday-Maxwell-Lorentz sin embargo, otros se inclinaban a favor de la crítica relativista del espacio newtoniano absoluto que había hecho Ernest Mach. Este autor considera que ninguna gran teoría de alguna rama del conocimiento humano puede ser considerada el resultado de una sola fuente y la teoría de la relatividad no es ni por mucho la excepción. De este modo pensamos que después de analizar en los dos últimos capítulos la fuerte precedencia que tuvo la teoría electromagnética en la relatividad de Einstein, es justo ahora analizar la gran influencia que ejerció sobre dicha teoría los trabajos filosóficos de Hume y Mach.

Hoy en día los historiadores de las ciencias saben que Einstein jamás pretendió hacer ningún cambio profundo a la mecánica de Newton, sino que más bien su objetivo era finalizar la obra que el propio Newton había iniciado. Ya sabemos que para Newton un cuerpo se consideraba en reposo si permanecía en el mismo punto del espacio. Pero, ¿cómo se podía determinar esto? De todas maneras sería prácticamente imposible <<plantar>> una señal en el espacio y cuidar de que la misma permanezca allí para siempre, para entonces, a partir de ella, describir el movimiento de todos los cuerpos. Como ya sabemos, muchos físicos, entre ellos Lorentz, FitzGerald y Potincaré, pensaban que lo anterior sería posible si existiese un medio universal que hiciera las veces de soporte de este sistema absoluto de referencia.

En 1900 Henry Potincaré propuso un principio de relatividad en el cual afirmaba que no tenía sentido hablar de movimiento absoluto y que únicamente el movimiento relativo de los objetos entre sí tenía sentido físico. A estas alturas de nuestro relato ya el lector conoce que Einstein planteó en su teoría un principio de la relatividad más general y mejor fundamentado que el de Potincaré y lo complementó con otro postulado que daba por sentado la constancia universal de la velocidad de la luz en el vacío, aclarando también que la misma era el límite superior de todas las velocidades. A partir de estos dos postulados Einstein, como ya sabemos, llegó a la relatividad en la determinación de la longitud, del intervalo de tiempo y de la masa.

Por otro lado, en el pasado apartado llegamos a la conclusión de que la masa como propiedad de la materia es una medida del contenido de la misma en los cuerpos, de modo que el hecho de que la masa de un cuerpo aumente quiere decir que la cantidad de materia en el mismo aumenta y de ahí que las formas de existencia de la materia, que son el espacio y el tiempo, sufran algún tipo de modificación. Precisamente esta era la idea de Ernest Mach y sus colaboradores cuando planteaban que la estructura del espacio-tiempo debe ser dependiente de la materia que existe en éste. Estimo que no sería fácil, a la luz de lo anterior, refutar la tesis histórica que plantea que también estas concepciones del espacio-tiempo no absoluto y estrechamente relacionado con la materia estuviera presentes como una de las fuentes de las que surgió la teoría de la relatividad.

Pero podemos decir más, esta relación indestructible que existe entre el espacio, el tiempo y la materia también establece una unión indisoluble entre dos conceptos que hasta ese momento se habían tratado cada uno separado del otro: el espacio y el tiempo. A partir de la aparición de la teoría de Einstein estas dos categorías no tuvieron más sentido como entes separados y se vio que la estrechísima relación entre ambas las enlazaba en un todo único e inseparable: la nueva categoría de espacio-tiempo.

Basándose en este nuevo concepto de espacio-tiempo Herman Minkowski desarrolla una nueva geometría en cuatro dimensiones (las tres coordenadas espaciales y el tiempo). Minkowski transformó la geometría euclidiana sustituyendo el producto escalar por uno seudo escalar. Con esta sustitución, muchos conceptos y teoremas de la geometría euclidiana, y hasta sus demostraciones, se conservan pero adquieren otro sentido. Así el giro común de las coordenadas se transforma en uno hiperbólico y las funciones trigonométricas tradicionales se transforman en funciones hiperbólicas de la geometría imaginaria de Lobachevski (ver apartado 5 capítulos III). De esta manera surge una nueva geometría adaptada a las nuevas condiciones relativistas de un espacio-tiempo indisoluble.

El propio Einstein adoptó enseguida este tratamiento matemático de su teoría lo cual dejaba por sentado su reconocimiento a los trabajos de su ex-profesor del Instituto Politécnico de Zúrich.

Lo ocurrido con los trabajos de Minkowski sobre la teoría de la relatividad no es extraño pues, como ya es habitual, cuando alguna rama de la ciencia alcanza su madurez se encuentran nuevos caminos para su expresión. Minkowski apoyándose en sus propios trabajos de geometría aplicada a la teoría de los números y en los trabajos de los grandes geómetras del siglo XIX supo aclarar difíciles problemas matemáticos referentes a la teoría de la relatividad por medio de consideraciones geométricas intuitivas. La geometría de Minkowski es la propia geometría del espacio-tiempo real de la teoría especial de la relatividad y es también la geometría del espacio abstracto de las "energías-impulsos" conceptos que también resultaron estar estrechamente unidos a la luz de la mecánica relativista.

La geometría de Minkowski aunque fue la primera no fue la única interpretación geométrica del espacio relativista. Algunos años después un grupo de físico-matemáticos, cada uno por separado, encontraron otro camino para abordar los fenómenos relativistas. Klein y Sommerfield en Alemania, Varichaka en Serbia y Kotelnikov en Kazán, Rusia fueron los artífices de esta otra vía geométrica.

En los trabajos de estos científicos se demuestra que el mundo de la teoría especial de la relatividad, el cual fue construido basándose en el postulado físico de la invariabilidad de la velocidad de la luz para todos los sistemas de referencia, coincide, por sus propiedades, con el mundo en el cual son ciertas las leyes de la geometría descubierta por el genial geómetra ruso Lobachevski. Esta geometría y la mecánica (más exactamente la cinemática) de Einstein resultaron estar muy relacionadas. En realidad, la cinemática relativista resultó ser la realización exacta de la geometría imaginaria de Lobachevski. Esta formulación resultó ser el "camino más corto" en el espacio tiempo relativista.

Es bueno señalar que la relatividad de la longitud espacial, del tiempo y de la masa, así como la de la ley de composición de velocidades relativista junto con la estrecha vinculación entre el espacio y el tiempo que se desprende de esta teoría, no parten del capricho de una mente trasnochada sino que son la manifestación real de una conexión conceptual esencial entre el resultado de una medición y la observación, entendida esta última como la síntesis de dos acciones: la elección del sistema de referencia y el proceso de medición propiamente dicho. Esta conexión en la mecánica clásica no se daba porque en principio los resultados de la medición podían independizarse, todo lo que se quería, del observador. En esa física newtoniana todo esto estaba estrechamente vinculado con el principio de causalidad, el cual exigía que los fenómenos se reprodujeran idénticos en todo punto del espacio y en todo instante de tiempo si las condiciones físicas son idénticas. Supone una medida de las longitudes (el metro patrón) y una medida del tiempo (el reloj sideral) que las hacen universales. En la teoría dela relatividad esto no es así.

Como hemos podido ver hasta aquí, la teoría de la relatividad de Einstein (y, por supuesto, los trabajos de Lorentz, FitzGerald, Potincaré y Minkowski) solo se referían a los fenómenos observados desde sistemas inerciales de referencia (recordemos que son sistemas que se mueven unos respecto a otros con velocidad constante). En ningún momento nos explica qué ocurriría al observar estos mismos sucesos desde sistemas de referencia acelerados unos respecto a otros y con relación a sistemas inerciales (un sistema acelerado es aquel que se mueve con velocidad variable en el tiempo con relación a un sistema inercial de referencia). Estos sistemas suelen llamarse sistemas no inerciales de referencia y sobre ellos y la acción del campo gravitatorio estuvo centrada la atención de Einstein en los años que transcurrieron entre 1907 y 1916. Para saber qué ocurrió en estos años vayamos al próximo capítulo.

Capítulo VI

Un genio solitario

1. Origen y surgimiento de la Teoría General de la Relatividad

A pesar de la oposición de algunos sectores de las ciencias físicas y matemáticas de principios de siglo, ya en 1908, tres años después de su descubrimiento, la teoría especial de la relatividad (en adelante la llamaremos por sus iniciales T.E.R.) era un hecho científico consumado. En ella quedaba muy poco por aportar desde el punto de vista teórico y solo quedaba que las distintas predicciones y consecuencias que proponía esta teoría fueran comprobadas en la práctica. Estas predicciones se empezaron a comprobar a partir de la década de los años veinte y se ha extendido casi hasta nuestros días.

Pero Einstein no descansaba y mucho menos se contentaba con lo que había logrado con la T.E.R. Los éxitos de esta solo estimularon en Einstein la sed de completar la obra de Newton. Se puede decir que uno de los grandes éxitos de la T.E.R. es el haber unificado en un solo cuerpo la mecánica de Newton y el electromagnetismo de Maxwell-Faraday. Pero una pregunta venía rondando la cabeza de Einstein desde hacía un tiempo: ¿cómo<<encajar>> los movimientos acelerados de los cuerpos— tanto los que se producen bajo la acción de la gravedad como los que se observan desde los sistemas no inerciales de referencia— en medio de la nueva teoría de la relatividad.

Para Einstein, sin lugar a dudas, se imponía la necesidad de una nueva teoría de la gravitación que completara las renovaciones hechas en las ideas espacio-temporales iniciadas en la T.E.R. El gran científico alemán sabía que había pequeños detalles de carácter astronómico que la mecánica y la teoría de la gravitación de Newton no era capaz de explicar. Estos casi insignificantes lunares en la hasta entonces inmaculada teoría newtoniana fueron convertidos por Einstein en preocupaciones de primera línea y en fuerte acicate para continuar su obra relativista.

Desde hacía algún tiempo la astronomía práctica había determinado una pequeñísima precesión en el perihelio de la órbita del planeta Mercurio. Expliquemos en qué consiste este fenómeno. Mercurio es el más pequeño y el más cercano al Sol de los planetas de nuestro sistema solar. En 1859 el astrónomo francés Urbain Leverrier (1811-1877) descubrió que Mercurio tiene una anomalía en el perihelio de su órbita alrededor del Sol. El perihelio en la órbita elíptica de los planetas alrededor del Sol es el punto más cercano al foco de la órbita (al Sol). Leverrier analizó todas las observaciones que se habían realizado de la órbita de Mercurio desde 1697 hasta 1848 y demostró que el cambio (era realmente un retraso) real que se producía en la precesión de la órbita de este planeta se desviaba de lo predicho por la teoría de Newton en 38 segundos de arco por cada siglo (más tarde este valor fue re-estimado en 43 segundos de arco por cada siglo). A partir de ese momento aparecieron algunas hipótesis con el objetivo de explicar el porqué de esta anomalía, todas dentro del marco de la teoría de la gravitación de Newton pero ninguna fue efectiva. Una de las explicaciones que se trató de dar fue la existencia de un planeta (o fragmentos de éste) cuyo campo gravitatorio afectaba a Mercurio, pero ni el tal planeta ni sus supuestos fragmentos fueron encontrados jamás por los telescopios de los astrónomos.

Pasaron los años y cuando ya la astronomía se estaba acostumbrando a convivir con este <<insignificante>> lunar en la teoría de Newton surgió el eterno inconforme, el infante terrible de las ciencias, el científico majadero y quisquilloso que se empeñaba en convertir en pesadilla de los físicos y los matemáticos cuestiones que apenas habían llamado la atención de los mismos. Ya se tenía una experiencia aleccionadora cuando este jovenzuelo, que no rebasaba aún la tercera década de vida, había elevado a la categoría de problema científico internacional el concepto de simultaneidad de dos sucesos, concepto este de cuyo carácter absoluto no se habían dado el lujo de dudar ni los más agudos pensadores de las distintas épocas. En esta oportunidad ni la precesión del perihelio de la órbita de Mercurio ni la desviación de los rayos de luz de las estrellas lejanas al pasar a través del campo gravitacional del Sol le quitaban el sueño a los físicos y astrónomos de principios del siglo XX como antes había ocurrido con la simultaneidad de los sucesos.

Solo a otro de los contemporáneos de Einstein se le había ocurrido, en cierta medida, el enlazar los fenómenos gravitatorios con los relativistas. Este era Henri Potincaré el cual se ocupó de lo anterior en la memoria de la que ya hemos hablado. En esta memoria Potincaré, partiendo de la conocida ecuación de Poisson-Laplace para el potencial gravitatorio, llegó a una ecuación de onda para el potencial gravitatorio de la cual sacaba como conclusión que la acción gravitatoria no puede transmitirse instantáneamente, sino que debe propagarse a la velocidad de la luz. Este fue el único intento que se hizo en la primera década del siglo XX de relacionar las ecuaciones relativistas de Lorentz con el campo gravitatorio. Pero todo se había quedado ahí pues, además de que el mencionado artículo de Potincaré no fue apreciado en su verdadera dimensión hasta algunos años después, su autor no se interesó por profundizar en esta dirección de la teoría de la relatividad.

En 1907 Einstein intenta por primera vez insertar la gravitación en la teoría de la relatividad en un trabajo que fue enviado el 4 de diciembre de ese año a la revista alemana Fahrd. d. Radioktive u. Electronik, con el título "Sobre el principio de la relatividad y sus consecuencias". En esta memoria él estudia por primera vez el efecto del campo gravitacional constante sobre la frecuencia de la luz emitida. Pero este estudio caía todavía dentro de la relatividad especial.

En los años subsiguientes Einstein continúa trabajando para completar su teoría especial de la relatividad y en la conexión de esta con otras ramas de la física. De esta forma el 2 de mayo de 1908 envía a la *Analen der Physic* su artículo "Sobre las ecuaciones electrodinámicas fundamentales de un cuerpo en movimiento", donde adopta por primera vez el método del espacio-tiempo propuesto por Minkowski ese mismo año. También en 1909, en el 81^0 congreso de la Sociedad Alemana de Naturalistas, realizado en Salzburgo, presenta su trabajo "Sobre el desarrollo de nuestras opiniones respecto a la naturaleza y la estructura de la radiación". En esta ponencia el autor de la relatividad analiza profundamente las conexiones que ha descubierto entre la mecánica estadística, la relatividad y la teoría cuántica. Pero, como él mismo dijo años después en una entrevista de prensa, por estos años de la primera década del siglo XX ya él había estado interesado por los fenómenos que deberían ocurrir a los cuerpos analizados desde un sistema de referencia no inercial. Él comentó en una oportunidad que desde muy joven hubo dos enigmas que le llamaron mucho la atención y en los cuales pensaba a menudo. Uno de ellos era el siguiente: ¿qué le ocurriría a un hombre que al pasar un rayo de luz por su lado pudiera asirlo y viajar con él? El otro era: ¿cómo observarían los pasajeros de un elevador cayendo libremente los fenómenos físicos que ocurrieran dentro del mismo y cómo podrían ser observados por las personas que estuviesen fuera del elevador y en reposo respecto a la Tierra?

El primero de estos enigmas Einstein lo resolvió en su teoría especial de la relatividad y el segundo, también conocido como "el experimento mental del elevador de cristal", solo lo pudo resolver en 1916 al finalizar su teoría general de la relatividad, pues en este se ponían de manifiesto los efectos de la gravitación y los de un sistema no inercial de referencia (en este caso el elevador hacía las veces de este último).

A partir de su mencionado trabajo de 1907, Einstein comienza a trabajar seriamente en su nueva teoría relativista de la gravitación. En su anterior teoría relativista él tuvo la <<compañía científica>>, como ya hemos dicho, de Potincaré, Lorentz, FitzGerald y Minkowski, pero en esta oportunidad la "recompensa científica" no parecía ser, a los ojos de los físicos de la época, muy jugosa y se quedó solo en el intento de completar su obra inicial.

Lo anterior era lógico que ocurriese, hasta cierto punto, pues en esos días la física tenía problemas por resolver que parecían más importantes, tales como los fenómenos relacionados con la naciente física cuántica. Solo cuando Einstein comenzó sus más grandes logros en el campo de la nueva teoría relativista de la gravitación fue que algunos teóricos importantes de la época (tales como M. Abraham,

H. Nordstrom, el gran matemático e íntimo amigo y colaborador de Einstein Marcel Grossman, el propio Lorentz, Shwarzchild y otros) se incorporaron a estas investigaciones.

Pero volvamos a los inicios de los estudios de Einstein sobre una nueva teoría de la gravitación. A él le había llamado la atención otro hecho que al parecer había pasado inadvertido para la mayoría de los físicos. Todo el mundo conocía desde la época de Newton que la masa inercial y la masa gravitatoria de los cuerpos coincidían en valor con una gran aproximación. Esto ya había sido probado experimentalmente por el propio Newton. Pero a pesar de que todo el mundo conocía este resultado nadie le daba demasiada importancia.

Marcel Grossman (izquierda) y Albert Einstein (derecha) en 1912. Grossman fue amigo y discípulo de Einstein y más tarde su colaborador

Entre 1907 y 1912 Albert Einstein había estado pensando acerca de la anterior equivalencia de las masas inercial y gravitatoria así como en otras equivalencias importantes en el campo de la física. Él trataba de ver estos fenómenos no solo desde el punto de vista cuantitativo sino también desde el punto de vista cualitativo. Esas otras equivalencias eran, en primer lugar, un hecho que desde hacía mucho tiempo intrigaba a los físicos y no había podido ser explicado, este consistía en que todos los cuerpos, independientemente del valor de su masa son atraídos por la gravedad terrestre con la misma aceleración. En Segundo lugar, también era conocido desde la época de D'Alembert que la fuerza de inercia (fuerza que aparece sobre los cuerpos cuando estos son observados desde un sistema de referencia en movimiento acelerado respecto al cuerpo) al igual que la fuerza de gravedad depende sólo de la masa del cuerpo. Ninguna de estas tres equivalencias habían podido ser explicadas coherentemente hasta ese momento y él intuía que algo en común había en estos tres fenómenos. En su mente rondaba la idea de la posibilidad de resolver estos enigmas generalizando su teoría especial de la relatividad al caso de movimientos acelerados, incluidos los cuerpos acelerados bajo la acción de la gravedad.

Para someter los anteriores problemas a análisis Einstein ideó su famoso, y ya mencionado, experimento del elevador de cristal. Este consistía en que un observador situado dentro de un elevador no puede determinar por medio de experimentos físicos si el elevador se encuentra en reposo sometido a la acción de un determinado campo gravitatorio o si el mismo se mueve aceleradamente hacia arriba; o de otro modo si el elevador se encuentra en una zona del espacio libre de gravedad o si es que está cayendo libremente en una zona afectada por un campo gravitatorio, a menos que el observador mire al mundo exterior a través de las transparentes paredes del elevador y pueda determinar realmente lo que está pasando.

Tratemos de explicar mejor lo anterior usando una versión más moderna del viejo elevador de Einstein. Supongamos que se sitúa a un astronauta en una nave desde dentro de la cual no tiene la posibilidad de observar el mundo exterior y se le encarga la tarea de determinar su estado de movimiento mediante la realización de algún experimento físico. Pongamos por caso que este experimento consiste en soltar una pelota que lleva en una de sus manos. ¿Qué sucedería? Pues que mientras la nave permanezca en reposo sobre la tierra la pelota caerá libremente sobre el piso de la nave. Pero supongamos ahora que la nave se encuentra en una zona libre de gravedad y comienza a moverse de manera que vaya aumentando su velocidad con una aceleración tal que le permita a la pelota, una vez soltada de la mano del cosmonauta, seguir cayendo libremente sobre el piso con la misma aceleración con que lo hacía bajo la acción de la gravedad terrestre.

Seguramente se hace evidente para el lector que el cosmonauta no podría detectar cambio alguno en su estado de movimiento pues a pesar de que sí lo hubo el experimento realizado (dejar caer la pelota) daba el mismo resultado en los dos diferentes estados de movimiento.

Pero para seguir desenredando esta madeja continuemos con la serie de experimentos realizados por nuestro astronauta. Imaginemos ahora que la nave es puesta en órbita alrededor de la Tierra lo cual quiere decir que la misma va a girar alrededor de nuestro planeta a determinada altura con una velocidad angular constante.

Esto significa que la nave estará acelerada solamente hacia el centro de la Tierra con una aceleración igual a la de la gravedad terrestre a esa altura (lo mismo que una piedra atada a un hilo se hace girar sobre nuestra cabeza). En este momento nuestro valiente astronauta observa que todos los objetos dentro de la nave flotan incluyéndolo a él y a la pelota que él ha soltado de su mano. En este estado en que él se encuentra no puede determinar si se encuentra en alguna remota región del espacio sideral donde el campo gravitatorio es nulo o si realmente la nave se está moviendo libremente bajo la acción de la gravedad terrestre.

Incluso pudiéramos ir un poco más lejos y ser algo más audaces en nuestros experimentos y lanzar la nave con nuestro cosmonauta dentro hacia la superficie terrestre con una aceleración dos veces mayor que la gravedad terrestre. Bajo esas condiciones comenzarían a suceder cosas increíbles, tales como que la pelota al ser soltada de la mano del cosmonauta en vez de caer hacia el piso de la nave <<caería>> (se movería) hacia arriba, o sea, hacia el techo de la misma con una aceleración igual a la de la gravedad de la Tierra. En ese instante el cosmonauta podría pensar que la dirección del campo gravitatorio se ha invertido súbitamente. En realidad estos sucesos no caen en el campo de la fantasía sino que estas cosas son las que les ocurren a los pilotos de aviones de combate cuando realizan lo que se llama una picada.

Como se puede ver, el astronauta no podrá determinar de manera segura si se encuentra en reposo con relación a la Tierra o si viaja con determinada aceleración con respecto a nuestro planeta; si está sometido a un campo gravitatorio o no solo por medio de los experimentos descritos anteriormente. Esto quiere decir que el cosmonauta no podrá distinguir entre si él y su nave están sometidos a la acción de un campo gravitatorio homogéneo o si se mueven aceleradamente en el espacio libre constituyendo así un sistema no inercial de referencia.

Un análisis similar al anterior llevó a Albert Einstein a enunciar uno de los principios más importantes de la Física de todos los tiempos, el llamado "Principio de Equivalencia". Este principio se puede enunciar de la siguiente forma: "Los fenómenos físicos que tienen lugar en un sistema inercial de referencia (a velocidad constante) sometido a la acción de un campo gravitatorio homogéneo y los que se producen en un sistema no inercial que se mueve con aceleración constante transcurren de forma absolutamente igual".

Este principio aparece por primera vez en un trabajo de Einstein que salió publicado en 1911 con el título "De la Influencia de la Fuerza de Gravedad Sobre la Propagación de la Luz". En este importante artículo es donde su autor calcula por primera vez el ángulo de desviación que sufren los rayos de luz bajo la acción del campo gravitatorio del Sol. En esta primera aproximación, como fue dicho en el capítulo III, él obtiene para dicho ángulo un valor idéntico al obtenido por Soldner a principios del siglo XIX y como ya sabemos este valor se queda aún a la mitad del obtenido por el propio Einstein años más tarde cuando ha completado su teoría general de la relatividad.

Con el hallazgo del principio de equivalencia Einstein logra explicar dos de los enigmas de equivalencia mencionados anteriormente: la equivalencia de las masas inerciales y gravitatorias y la existente en la forma en que se manifiestan las fuerzas de inercia y las de gravitación mediante la cual ambas dependen de la masa de los cuerpos medidas en un mismo punto del espacio ya sea bajo la acción de un campo gravitatorio o moviéndose junto con un sistema no inercial de referencia con una aceleración idéntica a la del campo de gravedad mencionado.

El tercero de los enigmas, a saber la igualdad de la aceleración de la gravedad para todos los cuerpos independientemente de su masa, habría que esperar a que Einstein obtuviera las ecuaciones del campo de su teoría general para poder resolverlo.

A la luz de lo visto hasta aquí se puede decir que el principio de equivalencia, piedra angular de la relatividad general como el propio Einstein lo calificó, no es más que un principio de covarianza general de todos los sistemas de referencia (inerciales o no inerciales) que generaliza el principio de la relatividad especial enunciado por el propio Einstein y por Potincaré en el verano de 1905. El mencionado trabajo de 1911 donde aparece por primera vez este principio fue el inicio de una serie de importantes estudios realizados por su autor en la labor solitaria que lo llevó a la teoría general de la relatividad en 1916.

Para terminar este apartado diremos que la etapa de la relatividad entre 1907 y 1911 fue de gran importancia pues es en esta etapa que un hecho experimental aparentemente insignificante, la igualdad de las masas inercial y gravitatoria, es elevado a la categoría de igualdad conceptual o principio básico de la Física.

2. El Espacio -Tiempo, se Curva

En la física newtoniana el espacio es considerado euclidiano y el tiempo absoluto. En realidad en el mundo en el que operan las leyes de la mecánica y de la gravitación de Newton no hay motivos para considerar al espacio y al tiempo de otra manera.

Que el espacio sea euclidiano quiere decir que en él la distancia más corta entre dos puntos es el segmento de recta que los une, o lo que es lo mismo, que en este espacio se cumple el quinto postulado de Euclides que dice que por un punto exterior a una recta solo se puede trazar una paralela a esta. Pero en realidad esta no es la única geometría que se conoce, pues, como ya hemos contado en el capítulo III epígrafe 5, en el siglo XIX fueron descubiertas otras geometrías que el matemático italiano del propio siglo Eugenio Beltrami probó eran tan lógicamente consistentes como la geometría euclidiana. Estas otras geometrías consideraban la posibilidad real de un postulado de las paralelas totalmente diferente al de Euclides pero compatible con el resto de los postulados euclidianos.

Es importante saber que en los sistemas inerciales de referencia como los que se usan en la teoría especial de la relatividad el espacio tiene las mismas propiedades en todos los puntos y en todas las direcciones, entonces, físicamente hablando se dice que el espacio es homogéneo e isótropo. Por otra parte, en estos sistemas el tiempo también posee las mismas propiedades en todos los puntos del espacio y por eso se dice que es homogéneo. Todo lo anterior implica que en un espacio homogéneo e isótropo la longitud de los segmentos ΔX_0 no depende de la región del espacio en que se encuentran. De igual forma gracias a la homogeneidad del tiempo en los sistemas inerciales de referencia el intervalo de tiempo ΔT_0 entre dos acontecimientos no depende del punto del espacio en el que estos se producen.

Pero veamos ahora que ocurre para un observador situado en un sistema no inercial de referencia (acelerado). Este observador descubrirá que el espacio no es homogéneo desde el punto de vista euclidiano. En efecto, la longitud de los objetos en un sistema de referencia en movimiento es menor que en el sistema de referencia donde los mismos objetos están en reposo. Según las transformaciones de coordenadas obtenidas por Lorentz en su teoría electrónica y corroborada por Einstein en su T.E.R. (capítulo IV epígrafe 1) se tiene que:

$$\Delta X = \Delta X_0 \, (1 - v^2/c^2)^{1/2}. \ (1)$$

Si el observador, que se encuentra moviéndose con un movimiento uniformemente acelerado, ha recorrido la distancia X_0 con respecto a un sistema de referencia inercial (por ejemplo un sistema fijo a la Tierra), de un curso elemental de Física de bachillerato se sabe que la velocidad de este observador está relacionada con la aceleración "a" a que se mueve mediante la siguiente fórmula:

$$v^2 = 2 \, a \, X_0, \ (2)$$

Donde "a" es la aceleración del sistema no inercial de referencia donde viaja el observador. Si ahora sustituimos el valor de v^2 dado en la fórmula (2) en la (1) se obtiene lo siguiente:

$$\Delta X = \Delta X_0 \left(1 - 2aX_0 / c^2\right) \quad (3)$$

Digamos que la expresión anterior tiene sentido en la teoría de la relatividad solo si el valor de la expresión $2aX_0$ es menor que la velocidad de la luz al cuadrado (c^2).

De esta forma vemos que en los sistemas no inerciales de referencia la longitud de los segmentos depende de la aceleración del sistema o lo que es lo mismo de la región del espacio en que se encuentre, si en dicha zona existe un campo gravitatorio o no y de su intensidad (el valor de su aceleración). Esta conclusión está sustentada por el ya conocido Principio de Equivalencia como el lector podrá darse cuenta. Esta dependencia de la aceleración hace que la longitud de las distancias espaciales o segmentos de recta en el espacio pueda cambiar de una región del espacio a otra debido a los cambios que se produzcan en la aceleración del movimiento o de la gravedad. De esta forma la trayectoria seguida por un cuerpo que en un espacio homogéneo pudiera ser una línea recta, en un espacio no homogéneo como lo hemos descrito, se convierte en una curva lo cual explica, de cierto modo, la curvatura que sufre el espacio bajo estas condiciones y que hace que los rayos de luz se curven al pasar cerca del Sol.

Debemos aclarar a los lectores que los resultados anteriores han sido obtenidos a modo de ilustración del fenómeno pero su obtención no ha sido del todo rigurosa puesto que hemos usado los resultados de la teoría especial de la relatividad los cuales sólo se cumplen en sistemas inerciales de referencia, para explicar los fenómenos que ocurren en los sistemas no inerciales. Los hechos que se desarrollan en estos sistemas solo pueden ser explicados correctamente usando las ecuaciones del campo de la teoría general de Einstein las cuales son de una complejidad tal que rebasa los límites de este libro. No obstante lo dicho hemos querido que el entusiasta lector pueda entender de una manera más o menos clara, aunque aproximada, el efecto de curvatura del espacio en los sistemas acelerados.

Para tratar de visualizar la situación antes expuesta examinemos el aspecto geométrico que tiene un espacio como el que se tiene para un observador en un sistema acelerado. En pocas palabras, mostremos que en los sistemas no inerciales de referencia, a causa de que el espacio no es homogéneo ni isótropo sus propiedades deben ser descritas por la geometría no euclidiana.

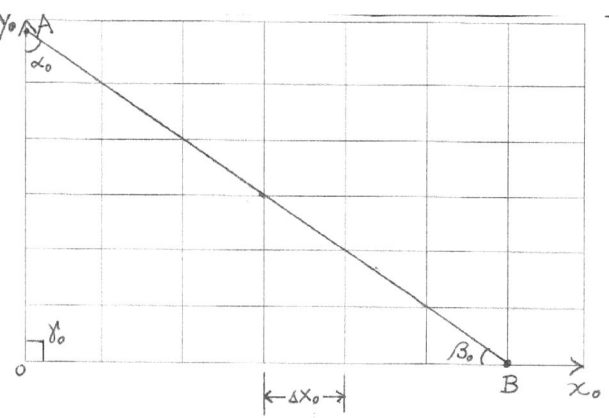

Figura 1. Sistema Inercial de Referencia.
Δx_0 es el mismo para cualquier zona
del espacio homogéneo e isótropo.

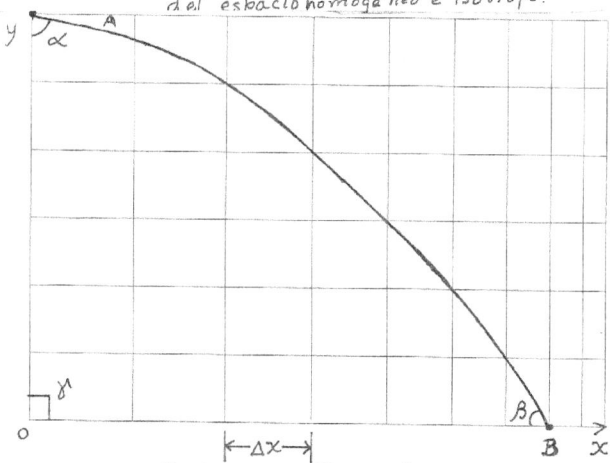

Figura 2. Sistema NO Inercial de Referencia.
Δx cambia de longitud para diferentes
zonas de un espacio que no es ni homogéneo ni isótropo.

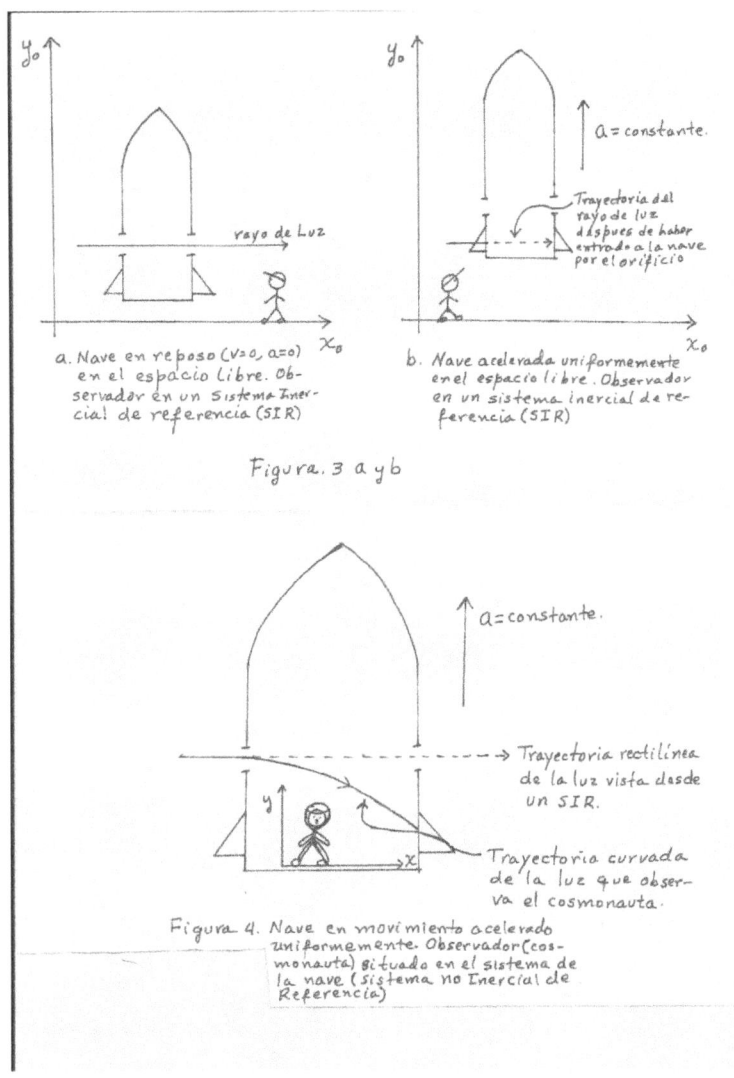

a. Nave en reposo (V=0, a=0) en el espacio libre. Observador en un Sistema Inercial de referencia (SIR)

b. Nave acelerada uniformemente en el espacio libre. Observador en un sistema inercial de referencia (SIR)

Figura. 3 a y b

a = constante.

Trayectoria rectilínea de la luz vista desde un SIR.

Trayectoria curvada de la luz que observa el cosmonauta.

Figura 4. Nave en movimiento acelerado uniformemente. Observador (cosmonauta) situado en el sistema de la nave (sistema no Inercial de Referencia)

Construyamos en un sistema inercial el segmento AB que forma ángulos α_0 y β_0 con los ejes coordenados (ver figura 1). De la geometría plana de Euclides (la que se estudia en el curso escolar de matemáticas) se sabe que la suma de los ángulos interiores de un triángulo es igual a 180^0: $\alpha_0 + \beta_0 + \gamma_0 = 180^0$.

Observemos ahora que en un sistema no inercial (ver figura 2) el segmento AB se transforma en una línea quebrada debido a la contracción que sufre la longitud de los segmentos en el espacio en este tipo de sistemas dada por la presencia de la aceleración en la fórmula (3) vista anteriormente (al aumentar la aceleración el término entre paréntesis se hace más pequeño y por lo tanto la longitud medida en movimiento ΔX se hace menor que la longitud medida en reposo ΔX_0). De este modo se puede observar en el correspondiente gráfico que los ángulos α y β se hacen mayores que α_0 y β_0 por lo cual la suma de los ángulos interiores de este triángulo será mayor que 180^0:

$\alpha + \beta + \gamma > 180^0$, lo cual significa que este espacio ya no es euclidiano, o sea, que la acción de la aceleración del campo gravitatorio cambian la métrica del espacio.

Ya sabíamos que uno de los primeros que se percató de la posibilidad de la existencia de geometrías no euclidianas fue N. I. Lobachevski. En su época este genial matemático y educador ruso no tuvo la comprensión de sus contemporáneos como tampoco la tuvo Einstein de los suyos, sin embargo la verdad científica a la larga se impone aún a despecho de la incomprensión de las mentes más retrógradas. Aquí se me ocurre citar a José Martí, apóstol de la independencia de Cuba, que en una ocasión dijo "...todo el que lleva luz se queda solo". Una vez más en las personas de estos dos grandes de la ciencia mundial se pone de manifiesto esta sentencia.

Como otros tantos, Einstein se veía ahora obligado nuevamente a ir en contra del sentido común de la Física de su época y después de descubrir que la materia y su estado de movimiento(a través de sus magnitudes características la masa, la energía y el momentum) provocan alteraciones de la métrica espacio-temporal en determinada región, tenía que abandonar la geometría euclidiana en aras de desarrollar un aparato matemático compatible con sus nuevas ideas y capaz de expresarlas por medio de un sistema de ecuaciones.

Hasta aquí hemos llevado al lector hasta las primeras ideas que tuvo el gran descubridor de la Relatividad acerca de la curvatura del espacio, pero muchos se preguntarán de qué forma pudiera percibir todo lo anterior un observador situado en uno de estos sistemas no inerciales de referencia. Tratemos de ilustrar esto por medio de otro experimento realizado por nuestro amigo el cosmonauta dentro de su nave especial.

Supongamos que por una rendija de la nave en movimiento acelerado (con aceleración constante) penetra un rayo de luz en dirección paralela al piso de la nave. Si esta estuviera en reposo en el espacio libre de campo gravitacional este rayo de luz podría, después de atravesar la nave, salir de ella por otro orificio abierto en la pared opuesta a la misma altura del piso que el anterior. Pero en el caso que nos ocupa el movimiento acelerado de la astronave hace que en el intervalo de tiempo que la luz demora en recorrer la distancia de pared a pared nuestro móvil cósmico ha avanzado una determinada distancia y por lo tanto el orificio por donde debería salir el rayo de luz se ha desplazado en la dirección de movimiento de la nave quedando de esa forma fuera de la trayectoria de este rayo (ver las figuras 3 a y b). Esta explicación que acabamos de dar es la que daría un observador situado en un sistema de referencia inercial (preferiblemente en reposo) fuera de la nave.

Pero para el observador que está dentro del cohete y se mueve junto con él la situación no es la misma pues él no tiene la posibilidad de saber si la nave se mueve aceleradamente en el espacio libre o si está en reposo afectada por un campo gravitatorio (recordemos el principio de correspondencia). De esta suerte nuestro astronauta explicará el fenómeno de que la luz entre por una rendija y no salga por la rendija simétrica en la pared opuesta, diciendo que el rayo de luz mientras atravesaba la nave se curvó hacia la cola de la misma (como se muestra en la figura 4).

Este es el momento de regresar al principio de correspondencia y analizar que si en un sistema no inercial como el de la nave un rayo de luz se curva entonces en la región espacial en que se encuentra la nave el espacio ha dejado de ser homogéneo e isótropo. Pero según el principio de correspondencia, lo mismo le debe ocurrir a un rayo de luz que atraviese la región del campo gravitatorio de determinado cuerpo. O sea que alrededor de cualquier cuerpo másico el espacio tampoco será homogéneo e isótropo y por tanto la métrica especial tampoco será euclidiana.

De una forma semejante a esta fue que Einstein razonó cuando supuso que los rayos de luz que provenían de las estrellas lejanas debían ser desviados de su trayectoria rectilínea y sufrir determinada curvatura al pasar a través del campo gravitatorio del Sol. Einstein aplicando las ecuaciones desarrolladas por él en su Teoría General de la Relatividad calculó el ángulo de desviación de estos rayos de luz y obtuvo el valor de 0.085×10^{-5} radianes o lo que es lo mismo 1.75 segundos de arco. Este valor, como veremos más adelante, fue comprobado por el astrónomo inglés Edington durante un eclipse de sol en 1919.

Sin embargo, no es solo el espacio el que se ve afectado en los sistemas no inerciales de referencia o bajo la acción de un campo gravitacional, también el tiempo deja de ser homogéneo en estos casos.

En un sistema de referencia en movimiento acelerado (la astronave) el intervalo de tiempo se expresa, por la siguiente fórmula de transformación:

$$\Delta T = \Delta T_0 / (1 - v^2/c^2)^{1/2} \quad (4)$$

Si hacemos como anteriormente $v^2 = 2aX$, donde **a** es la aceleración del sistema respecto a un sistema inercial, X es la distancia que recorre el sistema no inercial respecto al inercial en la dirección de la aceleración y ΔT_0 es el intervalo de tiempo medido en un sistema inercial en reposo con respecto al evento que se mide, de (4) se obtiene la siguiente expresión:

$$\Delta T = \Delta T_0 / (1 - 2aX/c^2)^{1/2} \quad (5)$$

Si ahora hacemos uso del principio de equivalencia, encontramos para un sistema inercial de referencia situado bajo la acción de un campo gravitatorio una expresión para el intervalo de tiempo similar a (5):

$$\Delta T = \Delta T_0 / (1 - 2\varphi/c^2)^{1/2} \quad (6),$$

Donde la variable φ representa el potencial gravitatorio en la región del espacio analizada.

De las ecuaciones de transformación del tiempo (5) y (6) se ve que tanto en un sistema que se mueve aceleradamente como dentro de los límites de un campo gravitatorio el intervalo de tiempo ΔT entre dos sucesos varía con la aceleración o con la intensidad del campo de gravedad. En cualquiera de estos sistemas un reloj marchará más lento o más a prisa de acuerdo a la acción de la aceleración o del potencial gravitatorio. Lo anterior se traduce en que en los sistemas no inerciales de referencia los relojes marcharán más lentos que en los sistemas inerciales.

Veamos el siguiente ejemplo que nos ilustrará el efecto anterior. Volvamos a nuestra nave espacial que es nuestro sistema acelerado con aceleración **a**. Supongamos que ponemos un reloj **A** en la parte delantera de la nave y otro reloj idéntico **B** sincronizado con el **A** en la cola de la nave. Si comparamos estos dos relojes cuando la nave es acelerada veremos que el reloj **A** parece correr más rápido que el **B**. Para darnos cuenta de este fenómeno supongamos que el reloj **A** envía una señal luminosa cada Segundo hacia el reloj **B,** la primera señal enviada debe viajar una distancia L_1 pero la segunda viajará una distancia L_2 más corta que L_1. La distancia L_2 es más corta que la L_1 porque la nave se está acelerando y su velocidad crece a cada segundo de donde se puede ver que si las dos señales luminosas fueron emitidas desde el reloj **A** intervalos de un Segundo ellas llegarían a **B** con una separación algo menor que un Segundo pues la segunda señal recorre una menor distancia en su camino de **A** a **B** que la primera.

Por el principio de correspondencia se puede llegar a la conclusión que lo anterior también debe ocurrir para dos relojes situados en un campo gravitacional a diferentes alturas con respecto al nivel que se elija como cero de potencial. Por ejemplo un reloj situado sobre la superficie de la Tierra marcharía más lentamente que otro reloj idéntico situado unos cuantos metros más arriba.

Como se puede inferir de todo esto, la simultaneidad de los sucesos se ve afectada no solo cuando se analizan los mismos desde dos sistemas inerciales de referencia a diferentes velocidades sino también cuando son observados desde dos sistemas no inerciales con aceleraciones diferentes o con diferentes potenciales gravitatorios. De hecho existe el interesante fenómeno de un átomo que irradia ondas electromagnéticas con cierta frecuencia V_0 en una región del espacio libre de campo gravitatorio. Entonces ese mismo átomo cuando está situado en una zona afectada por un campo gravitacional de potencial φ, irradiará ondas con una frecuencia V menor que V_0. Este fenómeno se conoce con el nombre de "corrimiento al rojo" por efecto gravitatorio. Lo de corrimiento al rojo viene porque la frecuencia de la radiación se corre hacia la parte más baja del espectro lo mismo que ocurre con la frecuencia de la luz visible cuando disminuye y va acercándose a la zona más baja de su espectro que es la de la luz roja. La explicación, aproximada, de este fenómeno requeriría el uso de algunas fórmulas no muy complejas pero sí algo tediosas para el lector medio por lo cual no las incluiremos, pero el lector interesado en profundizar en el tema puede encontrar una explicación elegante y sencilla de estos y otros fenómenos relativistas en el libro *Lectures on Physics* Volume II cuyo autor es destacado físico teórico y premio Novel de Física Richard P. Feynman.

Lo mismo que ocurre con la emisión de ondas electromagnéticas ocurre con cualquier otro fenómeno natural de carácter periódico como puede ser el caso de los latidos del corazón los cuales cambian su frecuencia, aunque sea en pequeña medida, a diferentes alturas de la Tierra. Todo esto es perfectamente comprensible no solo para los procesos cardiacos sino para todos los procesos que transcurren en el organismo viviente. A fin de cuentas nuestro organismo está formado por una gran cantidad de átomos los cuales participan en los procesos físicoquímicos de la vida. Hasta nuestros días la Física, la Biología y la Fisiología han aplicado con éxito las leyes de la física newtoniana a los organismos vivos, entonces por qué no pensar que las leyes de la relatividad podrían aplicarse con todavía más éxito a estos procesos.

Como hemos podido ver a través de todo este epígrafe la categoría física llamada espacio-tiempo como propiedad de existencia de la materia (la materia existe en el espacio-tiempo) interacciona dinámicamente con esta, de modo que la materia y su estado de movimiento afectan las propiedades geométrica del espacio-tiempo pero a la vez éste último actúa directamente sobre la materia produciendo cambios en su estado de movimiento. Aquí se puede ver de manifiesto la unidad físico-filosófica que se establece entre conceptos que no pueden tener existencia separada unos de otros. De este modo pudiéramos decir que el espacio-tiempo y la materia forman parte de un todo inseparable. Ahora el espacio dejaba de ser el simple escenario de los eventos físicos (el gran recipiente del que habló Newton) para convertirse en un elemento más de un todo que llamamos Universo

En la opinión del autor de estas líneas el Principio de Equivalencia de Einstein es el enunciado básico de esta perfecta unidad por lo cual se puede decir que su valor va más allá de las fronteras de la Física para adentrarse en las agitadas aguas de la Filosofía. De hecho el propio Albert Einstein se consideraba a sí mismo como un filósofo más que un físico.

Por otro lado algunos autores consideran (Mihalis Dafermos en su artículo "General Relativity and Einstein Equations" publicado en "The Princeton Companion to Mathematics) que la Relatividad General es una teoría clásica que unifica la gravitación, la inercia y la geometría por eso es considerada más una teoría matemática que física. De hecho a la luz de esta teoría se hace necesario redefinir el concepto de línea recta y transformarlo en el de "línea geodésica" para caracterizar la trayectoria seguida en el espacio-tiempo (sean cuales sean sus propiedades geométricas) por una particular que se considera libre de interacción. Como sabemos desde el primer capítulo de este libro, desde hace 2000 años Herón de Alejandría había enunciado y demostrado un teorema en el que se planteaba que el recorrido que debe seguir la luz al reflejarse en un espejo es aquel en el que el tiempo sea mínimo. Esto más tarde lo generalizó Hamilton a todo tipo de movimiento de los cuerpos entre dos posiciones cualesquiera del espacio y lo llamó Principio de Mínima Acción. Pero todo esto se hizo teniendo en cuenta que el espacio en el que se producían los fenómenos era euclidiano.

Sin embargo, la generalidad de esas ideas fue tal que sirvieron para establecer cuál debía ser el movimiento de una partícula libre (análogo al movimiento rectilíneo uniforme euclidiano) en el espacio-tiempo curvado. Analizando como ocurren los movimientos de los cuerpos a la luz de las leyes de la relatividad general se llegó a la conclusión de que la distancia más corta que puede recorrer un cuerpo entre dos puntos del espacio-tiempo curvado es aquella en que el intervalo de tiempo propio (el intervalo de tiempo medido en un sistema en reposo respecto al cuerpo) es el más corto posible, matemáticamente hablando, es un mínimo. La trayectoria seguida por el cuerpo en este caso es la llamada "geodésica". De aquí se puede ver que el principio de acción mínima de Hamilton es válido en la relatividad general.

Lo anterior explica por qué el movimiento de los planetas alrededor del Sol tiene siempre una trayectoria elíptica, o por qué los cuerpos al ser lanzados a una pequeña altura de la Tierra todos describen una trayectoria parabólica independientemente del valor de su masa y de la sustancia de que están constituidos. Lo mismo ocurre, como ya hemos visto con la geodésica que describen los rayos de luz de las estrellas lejanas cuando pasan a través del campo gravitatorio del Sol.

Los efectos anteriores solo se pueden explicar claramente si se tiene en cuenta la indestructible unidad del espacio y el tiempo en un único ente físico, como ya vimos. Pero en el próximo epígrafe veremos que esto quedó plasmado en las ecuaciones del campo de Einstein de una manera muy compleja matemáticamente pero muy precisa para no dejar lugar a dudas.

3. Un Complicado Mundo Físico-Matemático

Como hemos ya visto en anteriores apartados entre 1907 y 1912 Einstein estableció el principio de equivalencia y define el nexo entre la gravitación y la teoría de la relatividad generalizada a los movimientos acelerados. Se puede decir que ya en ese momento él tiene en su mente la imagen física completa de su teoría generalizada pero le era necesario pasar a una nueva etapa de trabajo en la cual pudiera elaborar el modelo matemático en forma de un sistema de ecuaciones que expresara unívocamente la realidad física que había descubierto. Por supuesto que no era fácil para Einstein que, hasta cierto punto era algo desmañado en el manejo de las matemáticas que necesitaba para esto.

Esta nueva etapa de trabajo iba a ser muy dura para Albert Einstein pues si bien en la formulación de la teoría especial de la relatividad tuvo un magnífico precedente en la conformación de la teoría electromagnética y electrónica clásica, en este nuevo empeño no había un precedente verdaderamente importante y el único físico de la época realmente interesado en este tema era él. Sabía que había llegado a una etapa muy complicada de su investigación. Este segundo período de preparación de su nueva teoría, el cual se extendió entre 1913 y 1915, se caracteriza ante todo por la necesidad de aplicar las técnicas de la geometría no euclidiana y el análisis tensorial desarrollado años atrás por Rieman. Entre 1913 y 1914 Einstein recibe la ayuda en esta área de las matemáticas de su buen amigo y condiscípulo en el Politécnico Surich el gran matemático húngaro Marcel Grossman.

Einstein decide sustituir la ecuación de Poisson de la teoría newtoniana de la gravitación por la correspondiente fórmula tensorial y llega a la conclusión de que la materia ha de describirse en las nuevas ecuaciones no solo por la densidad de masa sino por el tensor de energía-momento. De este modo el análisis tensorial enuncia ya con toda claridad la idea básica de la covarianza general de las ecuaciones del campo de atracción gravitatoria (sustentado físicamente por el principio de equivalencia). Dicho de otro modo, las ecuaciones para que fuesen válidas debían conservar su aspecto cualesquiera que fuesen las transformaciones de coordenadas y no solo cuando se dan las transformaciones de Lorentz.

En 1914 Einstein se aproxima bastante a la forma definitiva de las ecuaciones del campo al establecer la relación que conecta la curvatura del espacio-tiempo con la materia. En 1915 vuelve a la idea de la covarianza general y observa que la nueva teoría creada por él constituye un verdadero triunfo del análisis tensorial fundado por Gauss, Riemann, Cristoffel, Ricci y Levi-civita, análisis que tiene en cuenta de modo esencial la teoría del espacio curvo de Lobachevski-Bolyai y la unificación tetra dimensional del espacio-tiempo (de cuatro dimensiones que son las tres dimensiones espaciales y el tiempo) de Potincaré-Minkowski. También en ese año Nuestro genio obtiene las nuevas ecuaciones del campo de atracción en forma definitiva y de las mismas deduce la expresión para explicar el movimiento del perihelio de la órbita del planeta Mercurio que por ser el más cercano al Sol está más afectado por el campo de gravedad de éste. Así también obtiene la fórmula correcta para el ángulo de desviación del rayo de luz bajo la acción de un fuerte campo gravitatorio, rectificando el resultado anterior obtenido por Soldner y por él mismo.

Como a todo banquete que ya después de preparado ofrece buenos manjares, los físicos y matemáticos que antes no habían querido involucrarse con Einstein en su nueva teoría, se lanzan ahora sobre un trabajo que está prácticamente en punto de mate. Esto puede parecer lógico pues ya no se trataba de una quimera irrealizable de la cual no se tenía la certeza de sacar resultados importantes en un futuro cercano. Ahora se trataba de una excitante y prometedora teoría que había situado a su creador en la vanguardia de la Física-Matemática de su época la cual ya estaba rindiendo los frutos prometidos.

Tulio Levi-Civita gran matemático italiano de fines del siglo XIX y principios del XX.
Fue uno de los fundadores del análisis tensorial.

Schuarzschild, en 1916, dio una solución exacta a las nuevas ecuaciones einstenianas para el caso de una fuente puntual de gravedad y para el caso de una esfera de fluido incompresible. También realizó una aportación de gran peso para el desarrollo definitivo de la teoría el gran matemático alemán David Hilbert (1862-1943), quien estableció en 1915 la expresión general para el tensor impulso-energía.

Finalmente en 1916 en su trabajo fundamental "Bases de la Teoría General de la Relatividad" Einstein formula esta teoría en su estado definitivo actual. Por eso es que éste se considera el año de culminación de esta magna obra. Pero como explicaremos más adelante esta nuevo modelo para la gravitación y los movimientos acelerados de los cuerpos no alcanza su verdadero reconocimiento hasta que en 1919 el gran astrónomo ingles Arthur Edington comprueba su validez fotografiando las estrellas lejanas situadas detrás del Sol durante el eclipse ocurrido ese año. De ese modo la Teoría General de la Relatividad se incorpora definitivamente a la Física moderna en calidad de un nuevo e importantísimo capítulo

Capítulo VII

Segunda Etapa de Desarrollo de la Teoría General de la Relatividad

1. Los grandes resultados relativistas en los años veinte

Con el indiscutible triunfo que constituyó para la relatividad general la comprobación que hizo Edington de la curvatura de la luz al pasar cerca del Sol se desató en todo el mundo lo que se puede llamar "la fiebre del relativismo". No solo los físicos y matemáticos se sentían ahora atraídos por ella, sino que también las grandes multitudes que jamás se habían interesado por los problemas científicos se veían ahora envueltas por el influjo que ejercía esta nueva y esotérica manera de percibir el mundo. Incluso muchos periodistas vulgarizadores de las ciencias empezaban ya a especular con la posibilidad que presentaba esta nueva teoría de poder realizar el largamente acariciado sueño del hombre de viajar en el tiempo. Los más importantes periódicos del planeta publicaban versiones populares de los aspectos más interesantes y renovadores de la compleja teoría.

Con el fin de la Primera Guerra Mundial los países que antes habían formado parte de los dos bloques beligerantes, la Entente y la Triple Alianza, se unen en la noble tarea de reconstruir la maltrecha economía europea y la Teoría de la Relatividad se convirtió en una forma de lazo de unión para los científicos de aquellos países que antes eran enemigos y muchos de los cuales participaron en proyectos de desarrollo de nuevas y más mortíferas máquinas de guerra y engendros bélicos. Albert Einstein fue aclamado por el mundo entero sin reparar en su condición de alemán o su origen judío. Con relación a esto último el propio Einstein dijo en una oportunidad: "Ahora que mi teoría de la relatividad ha sido comprobada, Alemania me proclama alemán y Francia ciudadano del mundo. Si la teoría no hubiera sido cierta Francia hubiera dicho que yo era alemán y Alemania que yo era judío".

Los físicos, matemáticos y astrónomos de diferentes países dedicaron gran parte de su tiempo y sus esfuerzos a estudios teóricos y observaciones astronómicas encaminadas a expandir los horizontes de la nueva ciencia de la gravitación o a comprobar su veracidad en los rincones más apartados del universo. Los nombres del astrónomo holandés De Setter, quien en 1912 había realizado un experimento astronómico para comprobar la constancia de la velocidad de la luz utilizando las llamadas estrellas binarias, el físico teórico alemán Wolfgang Pauli, el gran astrónomo norteamericano Hubble. Alexander Friedman en la antigua Unión Soviética y el alemán Max Born no fueron ajenos a las publicaciones y estudios relativistas. Uno de los que más rápidamente se puso en contacto con la Teoría General de la Relatividad y logró obtener uno de los resultados más importantes de estos primeros años fue precisamente el físico y geofísico Alexander Friedman a la sazón profesor de la Universidad de San Petersburgo y director de su observatorio de Geofísica. Este destacado y joven científico logró entender a la perfección las ideas einstenianas e incluso se dio cuenta de que el modelo cosmológico planteado por el propio creador de la relatividad general que consideraba un universo cerrado y de volumen finito era totalmente inestable. Como resultado de estos estudios salieron a la luz un par de artículos claves para esta teoría en los que daba a conocer la solución de las ecuaciones del campo de Einstein correspondiente a una estructura geométrica del espacio variable con el tiempo.

De lo anterior Friedman dedujo la posibilidad de la existencia de estructuras geométricas especialmente isótropas no estáticas dependientes del tiempo. Así surgía por primera vez la posibilidad de una estructura geométrica de un universo en expansión. Esta teoría de Friedman es no solo el primer gran resultado de la Teoría General de la Relatividad después de su creación sino que es también la única que ha resistido los embates de la crítica a través de todos estos años. Años después (entre 1925 y 1929) este gran aporte de Friedman a la Cosmología fue comprobado admirablemente por los astrónomos Hubble and Slipher cuando observaron el fenómeno hoy conocido como corrimiento hacia rojo del espectro de la luz proveniente de las nebulosas extra-galácticas lo cual significa que estas nebulosas se mueven alejándose de la Tierra debido al efecto Doppler relativista descubierto por Einstein tanto en sus trabajo de 1905 como en el de 1916. Estos destacados astrónomos estudiaron atentamente este fenómeno y llegaron a la conclusión de que este desplazamiento de las frecuencias de la luz hacia sus más bajos niveles aumenta a medida que los cuerpos se alejan de nosotros. El resultado final condujo a la consideración de que esas nebulosas extra-galácticas se alejan de nosotros y unas de otras a una determinada velocidad constante lo cual quiere decir que nuestro Universo se encuentra (al menos en estos momentos) en una constante expansión.

El gran físico y geofísico ruso Alexander Friedman (1888 – 1925)
conocido como el pionero de la teoría del Universo en expansión.

El destacado astrónomo norteamericano Edwin Hubble (1889 – 1953)
quien descubrió el corrimiento al rojo de la luz de las galaxias lejanas,
comprobando así, de cierto modo, la teoría de Friedman.

Esta conclusión se encuentra en total acuerdo con la teoría de Friedman. Hubble encontró una expresión teórica para la velocidad de alejamiento de las galaxias en la cual ésta se agranda con el aumento de la distancia (D) que recorren estas nebulosas y la misma puede ser escrita de la siguiente forma: **v = D/1790.** Esta fórmula arrojó como resultado que por cada 3259 millones de años-luz la velocidad de alejamiento aumenta en alrededor de 560 Km/segundos.

Por medio de las ecuaciones de la relatividad general se pudo conocer que si la densidad de masa de la sustancia del Universo es mayor que 6.0×10^{-28} gramos por centímetro cúbico la curvatura del espacio es positiva (un universo infinito) y si la misma está por debajo de ese valor la curvatura es negativa (un universo finito). Aún los medios astronómicos al alcance del hombre no han permitido obtener una suficiente cantidad de datos como para dilucidar este enigma. Desde la época en que Lobachevski usó el telescopio del observatorio de la Universidad de Kazán hasta la fecha no se ha podido encontrar indicio alguno de la no euclidianidad del espacio cósmico al menos en nuestra vecindad más cercana. Esto pudiera ser debido a que no hemos podido explorar, con los medios a nuestro alcance, una zona del cosmos lo suficientemente amplia como para determinar esta curvatura. Por otro lado algunos datos obtenidos han llevado a los astrónomos a pensar que en esta zona del universo cercana a nosotros la densidad de la sustancia es muy pequeña y por lo tanto el espacio es de curvatura negativa o sea que estamos en presencia de un espacio cuya métrica es la de Lobachevski.

Pasada esta euforia inicial el interés de muchos físicos y matemáticos por la Teoría de la Relatividad General fue decayendo debido fundamentalmente a la fuerte competencia que le venía haciendo la recientemente estrenada Mecánica Cuántica formulada por Wegner Heidelberg y Edwin Schrödinger entre 1924 y 1925 y la posterior Mecánica Cuántica Relativista del electrón desarrollada básicamente por Paul Dirac entre 1928 y 1930. De esta manera se puede decir que en el período entre las dos guerras mundiales el total de practicantes activos de la Teoría General de la Relatividad en el mundo fue desproporcionadamente pequeño en comparación con los que se dedicaban a la Teoría Cuántica.

En esta época se publicaron muy pocos artículos sobre Relatividad y solo se mantuvieron activos, además de Einstein, científicos de la talla de Arthur Edington, Tullio Levi-Civeta (uno de los que más grandes aportes hizo a la matemática tensorial necesaria para la Relatividad General) y Cornelius Lanczos. La gran dificultad de su aparato matemático así como las pocas posibilidades de resultados importantes provocó este lamentable alejamiento de la mayor parte de la comunidad físico-matemática de la época. Pero uno que nunca cejó en su noble empeño y siempre tuvo fe en las grandes potencialidades de la Teoría de la Relatividad hasta el último minuto de su vida fue el propio Albert Einstein. Veamos a continuación en qué consistió la obra científica de este gran hombre en sus últimos veinte años.

2. Últimos esfuerzos de Einstein en el campo de la Relatividad General

En 1933 Albert Einstein tiene que tomar una de las decisiones más dolorosas de su vida. Tuvo que emigrar hacia los Estados Unidos de América pues ya le era imposible seguir viviendo en la Alemania Nazi-Fascista de Adolfo Hitler. Estando en un viaje por distintos países el descubridor de la Relatividad fue amenazado de muerte por las hordas fascistas y su casa fue saqueada y prohibidas sus obras en Alemania. Su origen judío y su condición de pacifista convencido eran demasiado para permanecer en su país sin ser víctima de las represalias que en él se llevaban a cabo contra los ciudadanos de ascendencia hebrea. Fue privado de su nacionalidad alemana y tuvo que vivir sus últimos veintidós años en Norteamérica. En estos años desarrolló su labor intelectual en el afamado Centro de Estudios Avanzados de la Universidad de Princeton en Nueva York.

En ningún momento el gran genio alemán se dejó seducir por las interpretaciones estadísticas de la Mecánica Cuántica a pesar de haber tenido el honor de ser uno de los iniciadores de las ideas cuánticas junto con su compatriota Max Plank a principios del siglo XX. De hecho él había recibido el premio Nobel de Física en 1921 por su interpretación cuántica del efecto fotoeléctrico. A propósito de esto, en una carta a Max Born fechada el 7 de septiembre de 1944 Einstein se refiere a la interpretación estadística de la Mecánica Cuántica en los siguientes términos: "Tú crees en el Dios que juega a los dados y yo creo en la ley y la ordenación total de un mundo que es objetivamente y que yo trato de captar en una forma locamente especulativa…El gran éxito de la teoría cuántica no basta para hacerme creer en el juego de dados fundamental".

Quizás haya sido por esta renuencia de Einstein a sumarse a los que estaban dispuestos a pagar el precio de la <<incertidumbre>> en la Mecánica Cuántica que pudo dedicarse por entero en estos últimos años de su vida a tratar de concluir la obra que él mismo había iniciado y que todavía hoy es un capítulo no concluido de la Física.

En estos años postreros de su fecunda vida Einstein dividió sus esfuerzos y los de sus colaboradores en dos vertientes fundamentales, ambas consecuencias de su Teoría de la Relatividad General. Una de estas vertientes fue la búsqueda junto con sus colaboradores de una teoría unificada de los campos, y la otra fue el estudio dentro de la propia Relatividad General, de una teoría de las ecuaciones del movimiento de objetos que se mueven a bajas velocidades en comparación con la de la luz (objetos clásicos).

En lo que fue su más ambicioso empeño en sus últimos años, la teoría unificada del campo, Einstein no tuvo éxito inmediato, pero en la opinión de muchos entendidos Einstein hubiera podido alcanzar en nuestros días mayores logros en este gran proyecto de haber contado con la gran cantidad de datos experimentales que existen en estos momentos acerca del comportamiento de las partículas elementales. Pero como hemos visto en otros ejemplos en la historia de las ciencias, Einstein al igual que Aristóteles, Leonardo Davinci y otros, estaba atrapado en la tecnología de su época. No obstante los éxitos que se han alcanzado hoy en día en este campo no hubieran sido posibles si no hubiera existido aquella idea inicial del gran genio del siglo XX. En estos momentos miles de físicos investigan en esta área del conocimiento y hasta ahora se ha logrado la unificación de tres de los cuatro campos de fuerzas fundamentales, los campos de las fuerzas electromagnéticas, el de las llamadas fuerzas débiles y el de las fuerzas fuertes o nucleares. Solo queda por unificar el campo de fuerzas gravitatorias, lo cual deja una puerta abierta para seguir profundizando en el estudio de la Relatividad General.

Albert Einstein en el primer lustro de los años 20 cuando ya su teoría de la relatividad estaba concluida, comprobada y aceptada. Por esta época solía contar a los periodistas que lo entrevistaban que su primera idea sobre relatividad le surgió teniendo quince años cuando se le ocurrió pensar qué le pasaría a un hombre que al pasar un rayo de luz por su lado se asiera de él y viajara con él a la velocidad de la luz.

A diferencia de la ambiciosa teoría unificada de los campos, fue en la más modesta teoría de las ecuaciones del movimiento de los objetos clásicos donde Einstein obtuvo los últimos importantes logros de su vida. En esta parte trabajo con dos de sus últimos insignes colaboradores, Leopoldo Infeld y Banesh Hoffman. En el año 1938 estos tres grandes lograron obtener explícitamente las ecuaciones post-newtonianas del orden C^{-2} (donde C es la velocidad de la luz como ya sabemos), ecuaciones estas que gobiernan el movimiento de los cuerpos a bajas velocidades. Sus posteriores trabajos con el polaco Infeld (con el que también escribió algunos libros de divulgación científica), profundizaron y ampliaron el éxito obtenido en 1938. En la interesante crónica escrita por el destacado físico relativista polaco, y colaborador del propio Leopoldo Infeld, Jerzy F. Prebansky en 1979 con el título "Albert Einstein, Reflexiones en el Centenario de su nacimiento" (Revista Ciencia y Desarrollo publicada por el Consejo Nacional de Ciencia y Tecnología de México, 1979) se plantea que, según Infeld, el interés de Einstein en las ecuaciones del movimiento estaba basado en una intuición de que las ecuaciones no lineales del campo gravitatorio podían dar información sobre el movimiento de las partículas cuánticas. Según Prebansky esta idea no se verificó, pero los resultados obtenidos seguramente han contribuido de forma significativa al entendimiento de las consecuencias físicas de la Relatividad General.

A la par de Einstein y sus colaboradores hubo otros investigadores en el mundo interesados en las ecuaciones relativistas del movimiento, entre ellos destacó el físico ruso W. A. Fock quien llegó prácticamente a los mismos resultados de Einstein pero empleando un modelo diferente para los objetos materiales. Mientras Einstein y sus colaboradores modelaron en forma de singularidades del campo gravitatorio, Fock utilizó el modelo de la materia continua.

Los trabajos iniciados en este campo por Einstein e Infeld tuvieron su culminación por este último después de la muerte del primero cuando en 1960 vio la luz el libro escrito por este y su colaborador Prebansky titulado *Motion and Relativity.*

Capítulo VIII

La Relatividad en nuestros días

1. Cien Científicos Contra Einstein

El título de este apartado fue precisamente el de un libro que se publicó en los años 20 del siglo XX, pero quizás para asombro de los lectores todavía no se han apagado los ecos de las voces de quienes aún hacen gala de un fuerte retrogradismo escolástico y que siguen empecinados en atacar y denigrar una de las teorías más grandiosas y verdaderas de toda la historia de las ciencias.

Si hiciéramos una lista de todos aquellos que de una manera u otra se han opuesto a la Teoría de la Relatividad veríamos que la mayoría son personas que no han tenido la oportunidad de conocer la importancia de los logros que ha obtenido esta teoría al explicar importantes fenómenos de la naturaleza que sin ella no hubieran podido ser aclarados, de ahí la importancia de divulgar estos logros. En casi la totalidad de los casos el verdadero especialista descubre que esas opiniones son una forma de expresar el desconocimiento de las profundas implicaciones físicas y filosóficas que se desprenden de esta importante teoría, cosas que ya nuestro lector conoce.

Pero no obstante todo lo anterior estimamos que es necesario, a la altura de este relato, que el lector conozca algunas de estas opiniones contrarias que han sido expresadas a lo largo de casi un siglo. Entre estas opiniones podemos encontrar incluso la de destacados astrónomos que pretendieron haber encontrado pruebas contra la Teoría de la Relatividad. Pero no dilatemos más nuestro encuentro con los <<anti-relativistas>>.

Uno de los postulados de la Relatividad que han sido más atacados es el de la constancia de la velocidad de la luz. Hasta 1936 la velocidad de la luz había sido determinada experimentalmente alrededor de veintidós veces desde que Fizeau lo hiciera en 1849. En ese año de 1936 el físico y astrónomo Gheury De Bray inició un trabajo de comparación de los resultados de las distintas mediciones que se habían hecho hasta ese momento de la velocidad de la luz en el vacío. Este científico llegó a la conclusión de que estas mediciones no convergían hacia un valor límite sino que formaban dos grupos decrecientes con el tiempo. Según De Bray esos dos grupos están separados por el valor de velocidad 299901 Km/seg, hallada en 1902 por un tal Perotin el cual es un valor mayor que el de la medición precedente y del de la siguiente. Para De Bray, si este análisis es correcto, el valor de la velocidad de la luz cambia periódicamente y acorde a su investigación volvería a tomar el mismo valor al cabo de cuarenta años y entonces de hecho la velocidad de la luz no sería constante como plantea la Relatividad.

Aún sin dudar de la autenticidad de la recopilación de estas mediciones hecha por De Bray podemos decir que la diferencia hallada entre las distintas mediciones de la velocidad de la luz no es lo suficientemente grande para ser tenidas en cuenta hasta el punto de poder probar con ello la no constancia de la velocidad de la luz. Por ser tan pequeñas estas diferencias podrían estar dentro del rango o margen de error de los experimentos. La otra conclusión sacada por De Bray acerca de la posible periodicidad del valor de la velocidad de la luz cada cuarenta años no vale ni dos minutos de reflexión pues la misma no se ajusta en modo alguno ni tan siquiera a las predicciones de la Física pre-relativista. En lo que a este autor respecta no conozco ningún reporte científico, ni serio ni sensacionalista, que haya anunciado la comprobación de esta hipótesis de Bray en los casi ochenta años que nos separan de la misma.

Otro estudio acerca de la velocidad de la luz fue realizado en 1934 por el francés Pierre Salet quien estudiando, con seis meses de intervalo, las velocidades radiales de las estrellas por el cambio de las rayas de su espectro encontró (según cuenta el periodista científico francés René Sudré en su libro: *Los Nuevos Enigmas del Universo*) que la velocidad de la luz, idéntica para todos los colores en el vacío, varía según el tipo de la estrella. Acorde con este reporte la velocidad de la luz puede llegar a ser superior a la que se mide en la Tierra, llegando a alcanzar un exceso de 3900 Km/seg en algunas estrellas que son más calientes que el Sol.

Como en el caso anterior no hemos tenido noticias de reportes similares en los años posteriores al año de marras 1934. Pero además, ¿cuál es la teoría física pre-relativista o post-relativista que con un mínimo de seriedad sustente la idea de una velocidad de la luz proporcional a alguna potencia de la temperatura del cuerpo emisor? Y además, ¿qué otro hecho físico descubierto por la Física o la Astronomía en los últimos años necesitaría de semejante hipótesis para su explicación? Por lo que se sabe hasta ahora, ninguno.

Otro experimento citado por el propio René Sudré en su mencionado libro es el de una realización más del experimento de Michelson por su colaborador Miller en 1933. Este experimentador aseguró haber hallado con este experimento la pretendida velocidad absoluta de la Tierra respecto al éter. Me pregunto yo, con todo respeto, si el señor Sudré sabe que a pesar de ser la experiencia el criterio que valoriza una verdad, este resultado es necesario ponerlo a prueba en múltiples ocasiones y que si en una o unas pocas de esas ocasiones el resultado fuese contrario al de la mayoría de las mismas, por lo regular y tras un determinado y concienzudo análisis, estos resultados son desechados por caer dentro del posible margen de error.

Desde el año 1933 hasta la fecha experimentos como el de Michelson para determinar el llamado "viento de Éter" y aún más finos han sido realizados, muchos de ellos utilizando la luz de un láser, y el resultado siempre ha sido el mismo, no se ha detectado el supuesto movimiento que se suponía debía tener la Tierra con relación a tal sistema de referencia privilegiado y la velocidad de la luz ha seguido siendo encontrada con un valor constante aproximadamente igual a 300,000 Km/seg. O lo que es lo mismo, el éter no existe.

Con la intención de que el lector tenga la información necesaria para valorar nuestro análisis incluimos a continuación una tabla que aparece recogida en el libro "Óptica 2da Parte" del destacado físico ruso G. S. Landsberg. En la misma veremos comparados los mejores resultados de la determinación de la velocidad de la luz obtenidos por métodos diferentes.

Método usado	Valor dec obtenido	Autor de la medición y año	Breve descripción
Espejo giratorio.	299796 ± 4 Km/seg	Michelson 1926	Experimento montado entre dos montañas a una distancia de 35.4 Km
Interrupciones perfeccionado.	299793 ± 0.25 Km/seg	Bergshtrand 1950	No hay descripción.
Radiogeodesia	299792 ± 2.4 Km/seg	Alakson 1949	Sistema de triangulación por radio señales.
Cavidad resonante.	299792.5 ± 3.4 Km/seg	Essen 1950	Por medio de ondas hertzianas estacionarias.
Interferometría ultrahertziana.	299792.2 ± 0.2 Km/seg	Frum 1958	No hay descripción.
Medición de la frecuencia y longitud de onda.	299972.4562 ± 0.011 Km/seg	Ivenson 1972	Se midió la longitud de onda y la frecuencia de la luz de un láser de helio-neón.

Mediciones de la velocidad de la luz mediante diferentes métodos y con las más altas precisiones hasta 1972}

Dejemos ahora a un lado las supuestas pruebas experimentales en contra de la Relatividad y pasemos a conocer la opinión que tenían algunos filósofos acerca de la Relatividad y sus consecuencias.

Entre los filósofos que rechazaron la Relatividad Restringida, Bergson fue el que trató de hacer el análisis más riguroso desde el punto de vista filosófico. Siguiendo paso a paso los razonamientos de Einstein aseguró haber demostrado en 1920 que la llamada contracción de las longitudes, la lentitud en la marcha de los relojes y la "dislocación de la simultaneidad de los eventos no son más reales que el aparente empequeñecimiento de los objetos debido al aumento de la distancia desde la cual se les observa, o sea que no son más que efectos de perspectiva sufridos por el observador fijo.

Por su parte Dingle planteó en 1939 que no solo no se había probado nunca por la experiencia que la velocidad retrasaba los relojes, sino que la afirmación no tenía sentido alguno pues (según él) el reloj no tiene una definición exacta en Física.

Ninguna de estas opiniones fue tenida en cuenta por la comunidad científica pues no tenían el más mínimo sustento filosófico y mucho menos físico. Hoy en día sobran hechos experimentales, como hemos visto y veremos en este libro, que sustentan la totalidad de las predicciones hechas por la Teoría de la Relatividad. En un maravilloso juego de palabras Sir Arthur Edington jocosamente refutó afirmaciones como las emitidas por

Bergson y Dingle de la siguiente forma: "...Las deformaciones representadas por las fórmulas de Lorentz son 'verdaderas' pero no 'realmente verdaderas'".

Es necesario que llamemos la atención del lector con relación a las fechas en que fueron hechas estas críticas. En honor a la verdad fueron hechas antes de que se comprobaran los principios básicos y las consecuencias predichas por la Teoría Especial de la Relatividad mediante los experimentos realizados en los aceleradores de partículas de los años treinta y cuarenta del siglo pasado, la construcción de las bombas atómica y H, así como la construcción de las modernas centrales electronucleares que hoy producen un alto por ciento de la energía que consume el planeta. Estamos seguros de que estos críticos no hubieran osado emitir sus errados puntos de vista sabiendo que todo lo que ellos criticaban estaba experimentalmente comprobado.

Si aún queda algún crítico de esta teoría en el mundo le daremos una razón más para abandonar su escepticismo. A pesar de que la Relatividad Especial se considera enmarcada dentro de la Física Clásica (pues en su estructuración no se consideró ninguna hipótesis cuántica), el gran físico inglés Paul Dirac la utilizó para elaborar su teoría relativista del electrón la cual explica perfectamente la estructura sutil de las líneas espectrales y predice la existencia del espín de los electrones y de los positrones. Más aún, se puede decir que la Electrodinámica Cuántica Relativista alcanzó el más alto nivel de precisión cuantitativa en toda la historia de la Física moderna cuando calculó sutiles correcciones relativistas en los niveles energéticos de varios microbjetos.

Veamos ahora las críticas más importantes que se le han hecho a la Teoría General de la Relatividad. En esta parte de la Relatividad bastante menos cercana a nuestra realidad física las críticas que se puedan formular son bastante más difíciles de refutar que las que se le formularon a la Teoría Especial. Mientras esta última está enraizada en lo más profundo de la Física contemporánea participando en la mayoría de los modelos físicos más exitosos en la explicación del comportamiento de la materia, la Relatividad General aún tiene algunos puntos débiles que dan lugar a que algunos disputen la validez de algunos de sus planteamientos.

En los primeros años después de haberse establecido esta teoría, las pruebas que se manejaban para demostrar su validez consistían en la comprobación de tres fenómenos conocidos ya por nosotros a través de este libro, a saber el corrimiento hacia el rojo de los rayos espectrales de la luz proveniente de los astros, la curvatura de los rayos luminosos de las estrellas en la vecindad del Sol, y la anomalía del perihelio de la órbita del planeta Mercurio. A pesar de la extraordinaria pequeñez de la discordancia de la Astronomía Clásica y la nueva Astronomía relativista, las predicciones de ésta última fueron confirmadas con un altísimo grado de exactitud en los primeros diez años después de conformada esta teoría y en años posteriores se han realizado una gran cantidad de observaciones que confirman estos resultados.

No obstante algunos críticos han manifestado que la curvatura de los rayos de luz provenientes de las estrellas en las inmediaciones del Sol podría ser atribuida a una verdadera refracción de la luz. Podemos entender que es válida la posibilidad de que esos rayos se refractaran simplemente y no que se desviaran por efecto de la gravitación, pero los partidarios de esta posibilidad no han podido jamás demostrar a través de las leyes de la Óptica semejante fenómeno y mucho menos que esta desviación de carácter óptico llegue a tener la concordancia tan cercana que tiene la teoría de Einstein con las observaciones realizadas por los expertos.

Otras clases de críticos han planteado que la concordancia de la teoría einsteniana con la realidad es asombrosa en el caso del adelanto que sufre el perihelio de Mercurio pero que, sin embargo, no se puede decir lo mismo en lo que respecta a los perihelios de las órbitas de Venus, Martes y la Tierra, así como el de sus satélites. Los que así piensan se han quedado algo atrasados pues las observaciones realizadas en las décadas de los setenta y los ochenta del siglo pasado han demostrado un gran concierto entre las predicciones de la teoría de Einstein y los valores medidos de los perihelios de los planetas mencionados. Los estudios hechos sobre la órbita de Marte por la Misión Vikingo (1976-1982), han arrojado una anomalía en el perihelio de este planeta de 1.35 segundos de arco por siglo lo cual coincide con una buena aproximación con las predicciones hechas por la Relatividad General.

Lo mismo se puede decir de las mediciones realizadas mediante radiotelescopio de la órbita de Venus donde la anomalía de su perihelio resultó ser de 8.6 segundos de arco por siglo. Por otro lado, en 1974 fue descubierto un pulsar (el PSR1913+16) que forma un sistema binario con una estrella más pequeña cuya naturaleza es desconocida. La órbita elíptica de este pulsar muestra una rotación inusualmente grande (precesión del perihelio) de 4.22 grados sexagesimales por año, esto es 271 veces más grande que el valor total para la precesión de la órbita de Mercurio. Es muy probable que este efecto sea puramente relativista.

Aún en nuestros días se toman como pruebas importantes para descartar la validez de teorías alternativas a la Relatividad General el cálculo exacto de la precesión del perihelio de la órbita de Mercurio y de otros planetas. Lo anterior se hace necesario pues hasta hoy existen alrededor de tres decenas de teorías gravitatorias no-einstenianas, respetables desde el punto de vista de su consistencia lógica, pero en estos momentos es científicamente reconocido que en la física del macro mundo la gravitación einsteniana no necesita ninguna revisión por razones observacionales y experimentales.

Leopoldo Infeld (1898 – 1968): destacado físico teórico polaco el cual fue uno de los últimos colaboradores de Einstein y escribió junto con él varios libros de divulgación científica y varios artículos importantes sobre la aplicación de las leyes de la relatividad al movimiento de cuerpos macroscópicos.

Entre los que han fallado francamente en sus intentos de criticar la Relatividad General los ha habido que han ido más allá de simples especulaciones y han tratado de establecer verdaderas teorías que, aunque desacertadas, han tratado de poner en tela de juicio los trabajos de Einstein. Una de las más divulgadas en su tiempo fue la creada por C. D. Birkhoff en 1943 la cual fue descartada por la sencilla razón de que toda nueva teoría que trate de explicar la gravitación debe estar ante todo de acuerdo con la física newtoniana cuando pretende describir las propiedades macroscópica de la materia, así como el movimiento general de los planetas (cosa que sin dudas hace la teoría de Einstein). La teoría de Birkhoff carece de este límite newtoniano e incluso mediante ella se llega al disparatado resultado de que las ondas sonoras viajan a la velocidad de la luz, lo cual está en franco desacuerdo con los hechos experimentales.

Pudiéramos seguir citando otras críticas y otras teorías alternativas que no han tenido éxito, pero creemos que hasta aquí el lector posee una muestra suficientemente representativa de las mismas.

A modo de conclusión de este numeral, diremos que en él hemos querido mencionar y analizar el alcance que han tenido algunas de las críticas que se le han formulado a la Teoría de la Relatividad. Nuestro objetivo ha sido que el lector tenga conciencia exacta de lo escabroso que resultó el camino para hacer valer los puntos de vista de esta teoría sobre la naturaleza del espacio-tiempo y la gravitación.

2. En Defensa de la Relatividad

Independientemente de los éxitos que tuvo la Teoría Especial de la Relatividad un sin número de expertos en el campo de la Física se lanzaron a la tarea de comprobar experimentalmente los resultados predichos por esta teoría entre los primeros experimentos realizados para comprobar la Relatividad Especial se encuentran los de Bucherer (1909) y de Guye y Lavanchy (1916) quienes mostraron que los corpúsculos beta de los cuerpos radiactivos tienen una masa que aumenta con la velocidad de aquellos hasta poder llegar a ser infinita en caso de que llegaran a alcanzar la velocidad de la luz (cosa esta que ya hemos dicho que es imposible). Desde entonces han sido innumerables los experimentos y se han logrado múltiples aplicaciones de esta teoría a la tecnología y a la vida diaria. Sería imposible en el reducido espacio de esta modesta obra enumerar todos y cada uno de estos trabajos, pero con la intención de brindar al lector el soporte necesario para aceptar la esencia de la Relatividad como buena, trataremos de mencionar los más importantes y recientes.

Ya desde la década de los treinta se empezaron a construir los grandes aceleradores de partículas en los cuales, aprovechando los efectos relativistas se empezó a estudiar los fenómenos de fisión nuclear. Entre estos primeros trabajos se pueden citar los realizados por el destacado físico italiano Enrico Fermi en los Estados Unidos; los experimentos de los esposos Joliot-Curie y Leprince-Rinquet en Francia, así como los realizados por varios destacados científicos alemanes en el Instituto Káiser Wilhelm de Berlín. En la base de la mayoría de estos experimentos se encontraba la idea de la futura fabricación de una devastadora bomba utilizando la enorme energía que, según los resultados de la Teoría Especial de la Relatividad, debía desprenderse en la reacción de fisión nuclear. Esta reacción de fisión nuclear era posible cuando se sometía a los núcleos de algunos de los elementos más pesados (tales como el Uranio y el Plutonio) al bombardeo con neutrones rápidos. Uno de estos experimentos, el desarrollado por Fermi, alcanzó su propósito inicial cuando culminó en la fabricación de una bomba atómica que fue probada con éxito en el desierto cerca de Alamogordo, Nuevo México el 16 de Julio de 1945. Dos réplicas de esta bomba fueron lanzadas en Agosto de 1945 en las ciudades japonesas de Hiroshima y Nagasaki con catastróficos resultados. Lo anterior puede catalogarse como la más inhumana comprobación de un hecho científico que haya tenido lugar en la historia del mundo. Este fenómeno de la fisión nuclear demostraba claramente la realidad de la famosa y conocida fórmula hallada en 1905 por Einstein que relaciona a la masa de los cuerpos y su energía (recordemos de la página 154: $E = m\ c^2$). Más adelante en la década de los cincuenta las potencias vencedoras en la Segunda Guerra Mundial (Rusia, Inglaterra y Francia) también habían logrado desarrollar la bomba atómica.

Es justo destacar que también hubo en esos países grupos de científicos que trabajaron duramente en la utilización pacífica de la energía nuclear y ya en 1954 en una conferencia internacional sobre uso pacífico del átomo el físico de la ex Unión Soviética Blojintsev dio a conocer la construcción y funcionamiento de una planta productora de energía eléctrica usando el fenómeno de la fisión nuclear del Uranio. A partir de entonces comenzaron a proliferar en la mayoría de los países desarrollados este tipo de plantas que se han dado en llamar centrales electronucleares. Así, se puede decir que la Teoría de la Relatividad Especial que hasta algunos años atrás había sido considerada por muchos como una teoría esotérica en franca contradicción con la lógica común se convertía en una ciencia doméstica la cual entraba ahora a todos los hogares en forma de energía eléctrica y muy pronto entraría en las escuelas a través de los programas de estudio de la segunda enseñanza pues muchos países incorporaron en ellos los elementos básicos de esta teoría.

Ya para esta época (finales de los años 50) la Teoría Restringida de la Relatividad estaba considerada comprobada en líneas generales, pero no obstante continuaron los estudios a este respecto en el mundo entero. Hoy en día la totalidad de las ramas de la Física moderna a saber la Mecánica Cuántica, la Electrodinámica Cuántica, la Ciencia de los Materiales y otras hacen un uso extenso de la Relatividad Restringida. Por otro lado, diariamente en los más importantes laboratorios del mundo en Sérpujov, en el famoso CERN en el Cantón de Ginebra (en la frontera entre Francia y Suiza), en Dubná en Rusia, en Brookhaven en Long Island, New York (Estados Unidos) y en otros se procesan cientos de miles de experimentos de dispersión de partículas elementales de altas energías en grandes y modernos aceleradores de partículas donde estas alcanzan velocidades muy cercanas a la velocidad de la luz.

La ingeniería de los grandes aceleradores de partículas — en la construcción de los cuales la ciencia está invirtiendo grandes sumas de dinero con el objeto de profundizar nuestra comprensión del origen del universo— sería imposible sin los conocimientos de las leyes relativistas. Esta ingeniería emplea la Relatividad en forma similar a como la ingeniería civil emplea las leyes de la mecánica newtoniana para construir edificios y levantar puentes.

A partir de los años 70 varios países del mundo entre ellos Estados Unidos, Rusia, Inglaterra y la Unión Europea han venido realizando una serie de estudios con la intensión de aprovechar en la producción de energía la llamada reacción de fusión nuclear controlada la cual es regida también por la ecuación de masa-energía de Einstein. Plantas construidas con esta tecnología serían un gran paso de avance para la humanidad en la producción de energía limpia ya que esta reacción de fusión nuclear, a diferencia de la de fisión, no deja desechos radiactivos y es mucho más energética amén de que emplea materiales mucho más abundantes en la naturaleza como es el hidrógeno que es mucho más fácil de obtener y de procesar que los minerales radiactivos pesados lo que abarataría los costos. A pesar de los grandes esfuerzos hechos por físicos e ingenieros no se ha podido aún mostrar un proyecto verdaderamente viable de una central electronuclear de fusión nuclear.

Como autor de esta obra estimo que si después de todos los logros y evidencias de las realidades de la Teoría Especial de la Relatividad hay personas en este mundo que siguen poniendo en tela de juicio sus principios, postulados y consecuencias, es evidente que estas personas no han comprendido en lo absoluto la esencia de la primera de las dos grandes creaciones de Albert Einstein. Por otro lado todo el que no quiera aceptar las leyes de la Relatividad Especial y su interpretación como buenas debe proponer concretamente otra teoría que pueda explicar, de acuerdo con los experimentos, por lo menos todo lo que explica la teoría einsteniana y preferiblemente, si la otra teoría pretende ser superior, debe explicar también algo más que no haya podido ser explicado. Pero hasta ahora nadie lo ha hecho.

Pasemos ahora a ver lo que ha pasado en los laboratorios y los observatorios astronómicos con relación a la Relatividad General.

La primera gran predicción hecha por la Relatividad General fue, como ya sabemos, la desviación de los rayos luminosos de su trayectoria rectilínea cuando pasan cerca de un cuerpo de gran masa (tal como el Sol). Recién terminada la Primera Guerra Mundial se tuvo una gran oportunidad de comprobar aquella predicción pues en 1919 hubo un eclipse de Sol el cual se pudo aprovechar para tal comprobación. El diseño del experimento estuvo a cargo del gran astrónomo inglés Arthur Edington y consistió en tomar varias fotografías de las estrellas mencionadas durante el eclipse total de Sol y posteriormente comparar estas con la posición de las mismas cuando el Sol no se encontrara cerca de la trayectoria de los rayos de luz proveniente de estos astros.

Sir. Arthur Edington (1882–1944) destacado astrofísico británico famoso por sus trabajos para comprobar la relatividad general.

Con el objetivo de llevar a cabo este experimento se organizaron dos expediciones dirigidas hacia dos lugares de la Tierra lo suficientemente distantes uno del otro donde se pudiera observar el eclipse total de Sol. Una de las expediciones, dirigida personalmente por el propio Edington, se dirigió hacia la isla del Príncipe en la parte occidental de África y la otra dirigida por Dyson (un colaborador de Edington) se dirigió hacia un punto de la selva brasileña del Amazonas. Tanto las mediciones realizadas por el grupo de África como la del grupo de Suramérica arrojaron el mismo resultado en la desviación de los rayos de luz debido al campo gravitatorio del astro rey y el valor coincidió con el que había predicho Einstein. Este resultado causó una gran conmoción en todo el mundo y fue tomado como una validación de la Teoría General de la Relatividad.

En la década de los 70 del siglo pasado usando los modernos radiotelescopios y la nueva técnica de interferometría de ondas de radio se pudo volver a comprobar la veracidad de la predicción de Einstein. Para este experimento se escogieron varios radiotelescopios que estuviesen apartados varios miles de kilómetros y se formó con los mismos un interferómetro capaz de resolver ángulos de hasta 0.0003 segundos de arco. El 8 de Octubre de cada año el Sol se aproxima a la línea que une a la Tierra con dos objetos estelares que emiten fuertes señales de radio, estos son los cuásares 3C 273 y 3C 279; el segundo de ellos es eclipsado por el Sol y esto se aprovecha para hacer mediciones de la desviación de la trayectoria de las ondas de radio en presencia del campo gravitatorio del Sol. Este experimento se ha estado repitiendo año por año y las mediciones realizadas han confirmado la predicción de Einstein con un margen de error de cerca del 10% lo cual hace que el experimento tenga un buen grado de confiabilidad.

En el epígrafe anterior ya hemos mencionado la comprobación mediante diferentes experimentos del valor predicho por la Relatividad General de la anomalía del perihelio de diferentes planetas de nuestro sistema solar lo cual constituye otro éxito para esta teoría. A propósito de este fenómeno podemos mencionar la teoría gravitacional de Brans-Dicke (propuesta en 1961 por los investigadores Carl H. Brans y Robert H. Dicke), considerada en estos momentos como la opción más importante fuera de la Relatividad General. Este es un sistema teórico para explicar la gravitación y es un ejemplo de teoría escalar-tensorial. En ella la interacción gravitatoria se realiza mediante un campo escalar y la constante de gravitación G es variable y depende de la posición del espacio y del tiempo. Esta teoría predice solo 39 segundos de arco por año para el avance del perihelio de mercurio (la Relatividad predice 43 segundos de arco por siglo, valor que coincide con gran aproximación con los arrojados por las mediciones realizadas) y 1.62 segundos de arco para la desviación de los rayos de luz de las estrellas en el campo gravitatorio del Sol. La teoría de Einstein predice 1.69 segundos de arco en concordancia con las observaciones.

Estas discrepancias tan pequeñas entre ambas teorías han hecho que los astrónomos y astrofísicos sean más cautelosos tanto en sus mediciones astronómicas como en sus conclusiones teóricas. Es por eso que en busca de comprobar la supremacía de una teoría sobre la otra los investigadores se han dado a la tarea de obtener otras evidencias además de las mencionadas. Debido a esta búsqueda, en 1967, Dicke y H. M. Goldemberg midieron la forma visible del Sol y encontraron que está ligeramente achatado en los polos. Sugirieron entonces que esta irregularidad puede ser la causa de la diferencia entre las predicciones relativistas y las de Brans-Dicke para el avance del perihelio de Mercurio, precisamente en 4 segundos de arco por siglo. A finales de la década de los 70 se realizaron una serie de mediciones de gran precisión que refutaron por completo las predicciones de esta teoría.

Otra de las predicciones de la Teoría General de la Relatividad que ha sido comprobada en varias ocasiones es el fenómeno de corrimiento al rojo de los rayos espectrales de las radiaciones emitidas en presencia de un campo gravitacional. Como ya hemos explicado en este libro el gran físico ruso A. A. Friedman partiendo de la teoría de Einstein derivó en 1922 el primer modelo cosmológico homogéneo e isótropo que evoluciona en el tiempo. En 1929 el astrónomo norteamericano E. P. Hubble comprobó estos resultados en un experimento astronómico y todo esto condujo a la famosa teoría que se conoce ahora como "Big Bang"(o de la "Gran Explosión" en español). En cosmología física esta teoría es un modelo científico que trata de explicar el origen del Universo y su desarrollo posterior a partir de una singularidad espacio-temporal consistente en un supuesto coágulo de plasma de dimensiones prácticamente despreciables (cuasi puntual) pero que contenía en sí toda la masa actual del Universo. Técnicamente este modelo se basa en una colección de soluciones de las ecuaciones de la Relatividad General desarrolladas entre los años 1922 y 1929 y también llamado modelo de Friedman-Lemaitre-Robertson-Walker. El Big Bang como teoría, fue propuesta en 1948 por el físico ucraniano nacionalizado americano George Gamow.

En esta teoría se plantea que a consecuencia de las reacciones entre las partículas elementales que constituían el coágulo de plasma esta sustancia sufrió un intenso calentamiento y comenzó a dispersarse bruscamente cosa que no ha parado de ocurrir hasta ahora.

Veamos ahora que la comprobación de esta teoría hecha por Hubble no fue la única y que incluso esta fue la más primitiva y rudimentaria. En 1963 los físicos norteamericanos y más tarde premios Nobel de Física A. Penzias y R. Wilson, que trabajaban para los laboratorios de la firma Bell, se dedicaron al perfeccionamiento de un radiotelescopio provisto de una antena reflectora de cono invertido. Para esta época ya este radiotelescopio era bastante sensible pero Penzias y Wilson decidieron que el aparato podía ser mejorado aún más. Debemos aclarar que este radiotelescopio había sido construido para realizar experimentos con satélites artificiales de la Tierra y para seguir su trayectoria. Después de todos los trabajos de perfeccionamiento, recurriendo incluso a la física de las bajas temperaturas (se dice que el receptor o cuerpo negro fue introducido en helio líquido), el resultado obtenido fue que en la señal obtenida aparecía un ruido residual que no podía ser eliminado a pesar de que la antena del radiotelescopio y la línea juntas tenían una temperatura de 3 grados Kelvin (equivalente a 270 grados Celsius bajo cero) lo cual suponía que eliminara todo tipo de ruido. Después de hacer varias pruebas y varios análisis los dos investigadores llegaron a la conclusión de que este molesto ruido en el telescopio provenía de todas partes del cosmos y que la frecuencia de este ruido coincidía con la frecuencia de una radioemisión hecha a la temperatura de 3 Kelvin. Pero lo que esto significaba quedaba sin aclarar.

Al cabo de un año Penzias contactó con el físico teórico R. Dicke de la Universidad de Princeton quien en un trabajo anterior había predicho que el Universo debería estar lleno de radiación electromagnética. De aquel encuentro salieron dos artículos que fueron publicados en un mismo número de la prestigiosa revista científica "Astrofísica". Uno de los artículos era un reporte experimental del laboratorio Bell y el otro un trabajo teórico de la Universidad de Princeton. Según los artículos la causa de aquel ruido a 3 Kelvin está en que posterior al Big Bang se produjo la etapa del Universo caliente en la cual se formó la radiación electromagnética que, como ya sabemos, se propaga a la velocidad de la luz. El volumen ocupado por esta radiación creció rápida y continuamente al igual que le ocurre a un gas ideal y, como resultado, se enfrió.

De este modo Penzias y Wilson se convirtieron en 1965 en los descubridores de la hoy llamada "radiación relicta" (o sea la radiación que se conserva desde el primer momento de la existencia del Universo). Como ya dijimos estos dos investigadores fueron laureados con el Premio Nobel de Física en el año 1978. Por la importancia que reviste esta radiación en el estudio de la evolución del Universo también se le ha dado el nombre de "los ecos del Big Bang". Este resultado le dio el golpe de gracia definitivamente a la teoría del estado estacionario del Universo y probó el modelo de Friedman.

En 1989, la NASA lanzó el COBE (Cosmic Background Explorer) con el objetivo de estudiar más a fondo la radiación relicta o residual. En 1990 se publicaron los primeros resultados los cuales fueron consistentes con la teoría del Big Bang. Se halló que la temperatura de esta radiación es de 2.776 Kelvin en diferentes lugares de la bóveda celeste y como resultado se obtuvo que la velocidad de movimiento de nuestro sistema solar respecto a la radiación relicta es de aproximadamente 300 Km/seg. Otro resultado importante fue que esta radiación de fondo resultó ser muy parecida a un sistema de referencia absoluto como el que planteaba Newton en sus *Principia* con respecto a la cual puede medirse la velocidad de objetos cósmicos. Se encontró que esta radiación parece ser isotrópica pero se descubrieron pequeñas desviaciones de esta isotropía lo cual indica el movimiento de nuestro sistema solar. Mediante estas fluctuaciones se pudo determinar la rotación del sistema solar alrededor de la galaxia, así como el movimiento de la galaxia hacia el conglomerado Virgo. Ahora la pregunta es: ¿será la radiación relicta el tan buscado por Michelson y Morley sistema absoluto de referencia, no con relación al Éter sino con relación a un gas de fotones? Las investigaciones futuras del Universo deberán confirmarlo o desmentirlo.

Las intentos de comprobar las predicciones de Einstein, Friedman y otros continuaron y en 1965 los investigadores Robert V. Pound y G. A. Rebka de la Universidad de Harvard, en colaboración con Joseph L. Snyder de la Universidad de Oberling pudieron medir el corrimiento hacia el rojo encontrando que los fotones que ascendían los 22.5 metros de un tubo lleno de helio situado en la Torre de Harvard mostraron un corrimiento en su espectro que correspondía con la predicción de Einstein hasta en un 1%. Para este experimento utilizaron el efecto Mossbauer: la frecuencia precisamente definida de un fotón emitido espontáneamente por un núcleo atómico excitado y localizado en la estructura de un cristal. El diseño y ejecución de este experimento fue sumamente fino con una precisión del desplazamiento gravitatorio total 1/ 500 partes de una raya espectral.

Por último citaremos una de las comprobaciones más tangibles del principio de equivalencia de Einstein realizadas por el hombre. Nos referimos al llamado estado de ingravidez al que están sometidos los astronautas cuando viajan en naves y satélites alrededor de la Tierra. Los mismos ven como ellos y los objetos que viajan en la nave flotan como sumergidos en el mar. El lector no familiarizado con un estudio más o menos profundo de la física podría preguntarse por qué puede tomarse ese estado de ingravidez como una prueba del principio de equivalencia. Pues bien, vamos a explicarlo de la manera más clara y sencilla posible. Una nave que gira alrededor de la Tierra con una velocidad angular constante se convierte de hecho en un sistema no inercial de referencia con respecto a la Tierra (tomada en este caso como un sistema de referencia inercial) pues la misma se mantiene en órbita alrededor de nuestro planeta debido a la fuerza centrípeta que ejerce sobre ella la atracción gravitatoria terrestre.

Ahora recordemos que el principio de equivalencia de Einstein plantea que localmente los efectos producidos sobre los cuerpos por un campo gravitatorio son equivalentes a los que se producen cuando los mismos viajan dentro de un sistema de referencia acelerado con una aceleración idéntica a la del citado campo gravitatorio. Precisamente en el caso del cosmonauta en el satélite artificial terrestre se superponen ambos efectos pero en sentido inverso pues si bien él sufre el efecto de la atracción gravitatoria de la Tierra hacia su centro, por otro lado sufre el efecto de la fuerza inercial (en este caso la fuerza centrífuga) a la que está sometido todo cuerpo en movimiento de rotación acelerada que lo impele a moverse en el sentido contrario (alejándose de la Tierra). Por otro lado, como la nave y todos los objetos dentro de ella viajan bajo la misma aceleración tal parece como si todos los cuerpos dentro de la nave flotaran como si no tuvieran peso lo que da la sensación de ingravidez.

Es oportuno aclarar en este momento el significado exacto del término "ingravidez". Este término de ninguna manera se refiere al hecho de ausencia de fuerza de gravedad sobre los cuerpos, si no al hecho de que al componerse los efectos gravitatorios y los no inerciales estos cuerpos no gravitan, o lo que es lo mismo, no pesan sobre ninguna superficie, por lo cual el término ingravidez debe ser tomado en un sentido de imperantes.

Lo mismo que ocurre al cosmonauta que viaja en la nave alrededor de la Tierra debería ocurrir a un individuo que se encuentre en reposo en un elevador que desciende en caída libre (en muchas ferias y parques temáticos de diversiones existen artefactos similares donde las personas son sometidas a este efecto). Este precisamente fue el origen del famoso experimento del "elevador de cristal". Este fue el experimento mental en el cual el genio alemán se inspiró para elaborar el principio de equivalencia— según cuenta su amigo y colaborador Leopoldo Infield en su libro *Qué dijo realmente Einstein*—.

A modo de confirmar aún más la veracidad de la teoría general de la relatividad citaremos a continuación una serie de efectos que se producen en la naturaleza que son perfectamente predichos y explicados por ella.

1. Dilatación gravitacional del tiempo: los relojes situados en condiciones de gravedad elevada marcan el tiempo más lentamente que relojes situados en un entorno sin gravedad. Demostrado experimentalmente con relojes atómicos situados sobre la superficie terrestre y los relojes en órbita del Sistema de Posicionamiento global (GPS por sus siglas en inglés). Estos relojes requieren una sincronización con los situados en tierra para lo que hay que tener en cuenta la teoría general y la especial de la relatividad. De no tenerse en cuenta el efecto que tiene sobre el tiempo la velocidad del satélite y su gravedad respecto al observador en tierra, se produciría un adelanto de 38 microsegundos por día en el reloj del satélite (sin corrección el reloj se retrasaría al día 7 microsegundos como consecuencia de la velocidad y se adelantaría 45 microsegundos por efecto de la gravedad), esto provocaría errores de varios kilómetros en la determinación de la posición.

2. Efecto Shapiro (dilatación gravitacional de desfasajes temporales): diferentes señales atravesando un campo gravitacional intenso necesitan mayor tiempo para atravesar dicho campo.

3. Precesión geodésica: debido a la curvatura del espacio-tiempo, la orientación de un giróscopo en rotación cambiará con el tiempo. Esto se comprobó exitosamente en mayo del 2011 por el satélite Gravity Probe B. Este efecto es debido a que el objeto en rotación arrastra consigo al espacio-tiempo.

4. Decaimiento orbital debido a la emisión de radiación gravitacional observado en púlsares binarios.

5. El llamado principio de equivalencia fuerte: objetos que gravitan en torno a ellos mismos van a responder a un campo gravitatorio externo en la misma manera que lo haría una partícula de prueba.

6. Gravitones: de acuerdo con la teoría cuántica del campo, la radiación gravitacional debe estar compuesta por cuantos llamados gravitones. La relatividad general predice que estos serán partículas con espín 2. Esta predicción aún no ha sido observada.

Al concluir este epígrafe creemos que el lector encontrará una buena cantidad de razones para no tener dudas acerca de la validez las teorías especial y general de la relatividad y de este modo estará en capacidad de comprender con más claridad el por qué hoy en día hay miles de científicos en el mundo dedicados al estudio de esta teoría.

Participants at the 1927 Solvay Process.

First row: I. Langmuir, M. Planck, M. Curie, H. A. Lorentz, A. Einstein, P. Langevin, C. E. Guye, C. T. R. Wilson, O. W. Richardson
Second row: P. Debye, M. Knudsen, W. L. Bragg, H. A. Kramers, P. A. M. Dirac, A. H. Compton, L. V. de Broglie, M. Born, N. Bohr.
Third row: A. Piccard, E Henriot, P. Ehrenfest, E Herzen, T. de Donder, E. Schrödinger, E. Verschaffelt, W. Pauli, W. Heisenberg, R. H. Fowler, L. Brillouin.

He querido concluir este libro con esta histórica foto tomada en 1927 en una de las famosas conferencias que patrocinaba el industrial belga Solvay en las cuales reunía a los más destacados físicos del mundo en aquella época. Como pueden ver aquí se encuentran reunidos varios de los más destacados relativistas y cuánticos y varios de los fundadores de estas dos grandes teorías del siglo XX, entre ellos el propio Albert Einstein y H. A. Lorentz.

Epílogo

Desde el inicio de este libro hemos estado hablando de la "relatividad" y de hecho ese es el nombre común con que la ciencia reconoció a esta maravilla del ingenio humano concebida finalmente por Albert Einstein que, como ya hemos dicho, culminó felizmente una aventura del pensamiento que venía evolucionando desde la más remota antigüedad.

Sin embargo, el título del primer artículo publicado por Einstein sobre este tema el 30 de junio de 1905 fue: *Sobre la Electrodinámica de los Cuerpos Móviles* y en él la palabra relatividad se menciona solo en el segundo epígrafe de esta obra. No estaría completo este libro si no nos refiriéramos a lo que muchos especialistas consideran como una paradoja.

El nombre de relatividad surge debido a una serie de numerosas exposiciones populares de esta teoría que aparecieron en los años 20 y que fallidamente algunas de ellas finalizaban diciendo que "…La teoría de la relatividad ha demostrado que todo en el mundo es relativo". Nada más lejano de la realidad que ese nombre que se le ha dado a esta teoría pues, como hemos podido darnos cuenta a través de este libro, verdaderamente esta es una teoría dedicada más a los invariantes que a lo meramente relativo, a lo absoluto más que a lo particular. Esto puede parecer una simple sutileza pero el análisis de ella nos puede llevar al verdadero significado y valor de la teoría de la relatividad. Veamos por qué.

Si nos enfocamos en los dos principios básicos planteados por Einstein en su trabajo de 1905 nos damos cuenta de que la teoría especial de la relatividad descansa en dos invariantes o absolutos. Uno de los principios a los que nos referimos es el de la constancia de la velocidad de la luz medida desde cualquier sistema de referencia inercial (la velocidad de la luz se postula como el máximo absoluto de velocidad en base al experimento de Michelson-Morley). El otro principio es el de la absolutidad de las leyes de la física las cuales se cumplen de igual forma en todos los sistemas inerciales de referencia. Por otro lado, a pesar de que los intervalos espaciales y temporales por separados son relativos al sistema de referencia inercial con respecto al cual sean medidos, no así el intervalo espacio-temporal como un todo, el cual es absoluto y no varía para cualquier sistema inercial de referencia desde el cual se mida.

Si vamos ahora a la teoría general de la relatividad veremos prácticamente lo mismo con relación a la velocidad de la luz para cualquier sistema no inercial de referencia. También veremos que su principio básico, el de equivalencia, es también un principio absoluto que garantiza el mismo comportamiento para las leyes de la física tanto para los cuerpos sometidos a la acción de un campo gravitatorio como a los que viajan en sistemas no inerciales de referencia con una aceleración igual a la del campo de gravedad.

Como hemos podido comprobar a lo largo de esta modesta obra, el objetivo de la teoría de la relatividad era justamente contrario a su nombre. El verdadero problema con que se enfrentaba consistía en hallar las leyes absolutas de la naturaleza independientemente de la elección del sistema de referencia. En realidad un nombre más afortunado para esta teoría podría ser "teoría de la invariancia física".

Finalmente solo me queda decir como autor de este libro que me siento feliz de haber podido compartir con mis lectores un cómodo e instructivo recorrido a través del largo camino de la relatividad.

Acerca del Autor

Nací en La Habana, Cuba y desde niño siempre sentí una gran atracción por las ciencias, a tal punto que cuando asistí a mi primera clase de Física, siendo estudiante de una secundaria básica, quedé perdidamente enamorado de esta ciencia hasta el día de hoy.

Posteriormente me gradué de maestro de Física en el Instituto Pedagógico de la Universidad de La Habana y continuando estudios obtuve una licenciatura en la Escuela de Física de dicha Universidad. Después de algunos años de haber impartido esta asignatura en la enseñanza media, inicié una carrera de más de veinte años enseñando Física y Matemáticas en varias universidades entre ellas en el Instituto Superior Politécnico de La Habana.

En este último realicé los ejercicios docentes y científicos necesarios para obtener un doctorado en ciencias Físico Matemáticas, pero por razones políticas fui despojado de mi cátedra y de mis derechos, por lo cual en el año 2002 tuve que salir al exilio político hacia los Estados Unidos, donde resido actualmente junto a mi esposa. En estos momentos enseño Matemáticas en una escuela de segunda enseñanza (Mavericks High School) en la ciudad de North Miami Beach en el sur de la Florida.

Bibliografía

Academia de Ciencias de la URSS "*Las Ideas Básicas de la Física. Ensayos sobre su desarrollo*. Antología de ensayos. Ediciones Pueblos Unidos. Montevideo, 1960.

Altshuler, José. *Galileo Galilei*. IV Centenario. La Habana, 1964. Academia de Ciencias de Cuba.

Aristóteles. *Física*. Ediciones Ciencias Sociales. La Habana, 1968.

Aristóteles. *Metafísica*. Ediciones Ciencias Sociales. La Habana, 1968.

Einstein, Albert. *On the Electrodynamics of Moving Bodies*. Berlín June 30, 1905. Analen Der Physics.

Einstein, Albert e Infeld, Leopoldo. *La Evolución de la Física*. Salvat editores. Barcelona, España, 1986.

Feynman, Richard P; Leighton, Robert B; Sands, Matthew. *Lectures on Physics. Volumes I & II*. California, 1964. Addison – Wesley Publishing Company.

Gurshtein, A. *Los Enigmas Seculares del Cielo*. Editorial MIR Moscú, 1971.

Growers, Timothy (editor). *The Princeton Companion to Mathematics*. Princeton & Oxford, 2008. Princeton University Press.

Isaccson, Walter. Einstein. *His Life and Universe*. New York, 2007. Simon & Shuster.

Johnson, Roger A. *Advanced Euclidean Geometry*. Mineola, New York, 2007. Dover Publication, Inc.

Kittel, Charles; Knight, Walter D; Ruderman, Malvin A. *"Berkeley Physics Course*. Volume I. Mecánica". Editorial Reverté S.A. Buenos Aires 1975.

Kriele, Marcus. *Casualty Violation and Singularities*. Berlín, 1990. Universidad Técnica de Berlín.

Landau, Lev y Lifshitz, E.M. *Curso de Física Teórica. Volumen I. Mecánica*. Editorial Reverté Barcelona, 1978.

Landau, Lev y Rumer, Yuri. *¿Qué es la Teoría de la Relatividad?* Akal Ediciones, 1996.

Levi, B.G. *Curso de Física Teórica. Volumen I. Electrodinámica y Teoría de la Relatividad*. La Habana, 1974. Editorial Pueblo y Educación.

Lobachevsky, Nikolay. *Nueva teoría de las paralelas*. Alemania, 1915.

Maor, Eli. *The Pythagorean Theorem. A 4,000 – years History*. Princeton & Oxford, 2007. Princeton University Press.

Minkowski, Herman.*Espacio y tiempo*. Alemania, 1908

Netz, Reviel & Noel, William. *The Archimedes Codex*. De Capo Press, 2007.

Platón. *Diálogos*. La Habana, 1968. Ediciones Ciencias Sociales.

Posamentier, Alfred S. & Lehmann, Ingmar. *The Fabulous Fibonacci Numbers*. New York, 2007. Prometheus Books.

Plebañsky, Jerzy F. *Albert Einstein, reflexiones en el centenario de su nacimiento*. México, 1979. Revista Ciencia y Desarrollo, Consejo Nacional de Ciencia y Tecnología de México.

Stephani, Hans. *General Relativity*. Cambridge, 1990. Cambridge University Press.

Spiridonov, O. *Constantes Físicas Universales*. Moscú, 1986. Editorial MIR

Sudré, René. *Los Nuevos Enigmas del Universo*. Ediciones Pueblos Unidos. Montevideo, 1948.

Vorobiov, I. I. *La Teoría de la Relatividad en Problemas*. Moscú, 1990. Editorial MIR.

Contenido